増補新版

# フェリカの真実

電子マネーからデジタル通貨へ

立石泰則

Tateishi Yasunori

草思社

フェリカの真実◉目次

＊　本書は二〇一〇年に当社より刊行した『フェリカの真実――ソニーが技術開発に成功し、ビジネスで失敗した理由』を改訂し、第7章以降を新たに書き下ろした増補新版です。

# はじめに

日本の人口の約一割が集中する首都・東京。その東京を目指して、周辺地域から埼玉「都民」や千葉「都民」などと呼ばれるサラリーマンや学生など多くの人たちが、毎日のように通ってくる。JR山手線の主要駅などで毎朝のように見られる、通勤通学時のラッシュの異常な混雑さはよく知られているところだ。たとえば、改札口付近の芋の子を洗うような混み具合やホームに溢れんばかりの多数の乗客たち、満員列車なのにさらに車内に乗客を押し込もうとする駅員の姿など――それらは、しばしばテレビでも放映される日常風景になっていた。

ところが、その日常風景が一変する。

二〇一〇年春のある日――。

JR東日本の主要駅の中で、一日平均乗降客数が約七十四万人という最大の東京の新宿駅では、通勤通学のラッシュ時でも改札口は以前のように混み合うことはなく、乗客は流れるように通過していく。

男性の乗客が定期券入れを自動改札機に触れたり、女性の乗客はハンドバッグなどを押し付けたりしながら、足早に改札口を通り抜けていく。駅構内に入ると、そのままキオスクに直行して新聞やタバコ、ガムなどを購入する乗客もいるが、その際にも彼らは、わざわざ財布から現金を取り出したりはしない。改札口で見せた行動と同じように、定期入れなどをレジ近くに設置された端末機に接触させて支払いを済ませるのだ。

いまでは、そのような乗客の姿が珍しくなくなった。

このような「便利さ」を乗客に提供しているのは、「非接触ＩＣカード」（技術）と呼ばれるものだ。このカードには、かざすだけで改札を通過できる「電子乗車券」の機能と、釣り銭不要の触れるだけで決済を終える「電子マネー」の機能が備わっている。この二つ機能は現在、私たちの日常生活に欠かせない存在になっている。

電子乗車券と電子マネーの二つの機能を持つ非接触ＩＣカードには、ＪＲ東日本の「Ｓｕｉｃａ（スイカ）」や首都圏の鉄道事業者とバス事業者による「ＰＡＳＭＯ（パスモ）」、ＪＲ西日本の「ＩＣＯＣＡ（イコカ）」などがある。

他方、電子マネー専用の非接触ＩＣカードは、ソニー系の「Ｅｄｙ（エディ）」（現、楽天エディ）やセブン＆アイ・ホールディングスの「ｎａｎａｃｏ（ナナコ）」、イオングループの「ＷＡＯＮ（ワオン）」など流通系を中心に乱立気味である。これらの電子マネーはすべて、事前にチャージ（課金）する前払い式である。後払い式には、ＮＴＴドコモの「ｉＤ（アイディ）」やモバイル決済推進協議会（ＪＣＢなど）が推奨する「ＱＵＩＣＰａｙ（クイックペイ）」などがあるが、おおむね携帯電話やスマホに搭載されている「おサイフケータイ」として利用されている。

電子マネーが乱立してしまったのは、最初から相互利用を前提としていなかったからである。当時の電子マネーは、どこでも使える「マネー」としてよりも自社の店に顧客を囲い込むためのツール、つまり「ハウスカード」として決済の利便性が利用されたのである。それゆえ特定の店舗などでしか利用できない、どの店でも使えない「マネー（お金）」になるしかなかった。

例えば、ナナコは系列のコンビニ・チェーンの「セブン－イレブン」の店舗で使えても、スイカやパスモ、同じ流通系のワオンが利用できる店では使えなかったし、逆にワオンも、系列の店では利用できてもセブン－イレブンでは使えなかった。電子「マネー」と言っても、「お金」のように自由に使えなかったのである。

その結果、クレジットカードや会員カードなどで膨らんだ私たちの財布は、さらに複数の電子マネーのカードで膨らむしかなかった。その後、不便を訴える利用者の声に応えるため、共通の端末機器の開発や複数の端末を置くなどの対応が図られているが、一度膨らんでしまった私たちの財布が元に戻ることは難しそうである。

そんな不自由な電子マネーの中で唯一の例外は、スイカとパスモの二つの非接触ＩＣカードである。というのも、この二つのカードは相互利用を前提として開発されていたからである。その結果、電子マネーとしても電子乗車券としても、互いの施設等でスイカかパスモかといった券面を意識することなく利用できるのである。

それが可能なのは、同じ技術で開発されているからだ。

じつはスイカやパスモ、エディ、ナナコ、ワオンなどの非接触ＩＣカードは同じ技術で作られていた。しかもそれらすべてが、ソニーが独自に開発した非接触ＩＣカード技術「ＦｅｌｉＣａ（フェリカ）」の製品であることは、一般にはあまり知られていない。電子マネーの乱立は、同じ技術で作られているのにもかかわらず、相互利用できない仕組みにしたことから起きたものである。

ちなみに、「フェリカ」は英語のＦｅｌｉｃｉｔｙ（フェリシティ＝至福）とＣａｒｄ（カード）からソニーが独自に作った合成語で、生活を豊かにするカードという意味が込められている。

フェリカの開発者で、現在はソニーを離れている日下部《くさかべ》進は、電子マネーが乱立してしまった状況について、残念そうに語る。

「本来は、電子マネーが乱立するはずはなかったんです。ひとつの決済手段として、みんなが共通に使える電子マネーになるはずでした」

どうして、当初の開発目的と違う事態になってしまったのか。さらに言うなら、フェリカ本来の目的とは、いったい何だったのか。

改めていま一度、フェリカ開発の経緯を振り返る中から、日下部が目指した最終的な目標を明らかにしたい。

# 第1章　非接触ＩＣカードへの挑戦

ソニーのエレクトロニクス事業は、二つの顔を持っている。

ひとつは、薄型液晶テレビ「ＢＲＡＶＩＡ（ブラビア）」や携帯音楽プレーヤー「ＷＡＬＫＭＡＮ（ウォークマン）」、デジタルカメラ「サイバーショット」などコンシューマー（一般消費者）向け商品の開発・製造を行うメーカーとしての「顔」である。

もうひとつは、世界各国のテレビ局で採用されている報道カメラやスタジオ・制作カメラ、編集機器など放送機器の開発、さらにセキュリティ・カメラや映画館などで利用されるプロジェクター（映写機）類の業務用機器の開発、つまり一般消費者向けではない「プロ用」機器、いわゆる「ノンコン」（ノン・コンシューマー）と呼ばれる機器の開発製造を行うメーカーとしての「顔」である。

そのノンコン事業の拠点は、東京・品川のソニー本社から遠く離れた神奈川県厚木市の厚木テクノロジーセンター（厚木テック）に置かれていた。開発部隊が中心の厚木テックだが、もともとはトランジスタ量産のための工場として、一九六〇年十一月に完成したものだ。

その後、テレビ局向け編集機器として開発したＶＴＲ（録画再生機）「Ｕマチック」の大ヒットや、取材用のビデオカメラ「ベータカム」が世界各国のテレビ局に採用されて一時は九〇パーセント超のシェアを占めるまでになり、ソニーは放送機器メーカーとしての地位を不動のものとした。

その第一の功労者は、厚木で最高責任者としてノンコンビジネスを率いた森園正彦（元副社長）である。さらに森園の特筆すべき功績のひとつには、ソニーで初めて工場内に研究所を設立したことが挙げられる。一九八二年十月に設立された「情報処理研究所」の狙いについて、森園自身は、こう語っている。

「情報処理研設立の目的は、はっきりしていました。工場（製造現場）内に研究所のあることの良さは、現場感覚といいますか、市場のニーズに沿った開発が行われることです。（研究所が）現場から遠く離れて本社の直属になったりしますと、市場のニーズが分からなくなり、研究のための研究になってしまうことがありますよね。ですから、情報処理研の目的は明確で、デジタルの研究開発、それもビジネスになるような研究開発を行うことでした」

その結果、当時の厚木工場は、研究所の他にも商品化する事業部（開発）、営業部（販売）が同居するという、事業部としてはソニーでも珍しい存在であった。当然、同じ敷地内にあるわけだから、各部の交流も改まったものではなく日常的なものであった。ここが、ソニーの他の職場と大きく違ったところである。

そうした職場の環境が、フェリカ誕生のキッカケをもたらすことになる。

一九八七年の暮れ、業務用機器の営業担当者が、情報処理研・第三部の課長だった伊賀章を訪ねてきて、取引先の要望を伝えた。

「伊賀さん、大手宅配業者が小包の配送先の仕分けを自動化したいのだが、何か良い方法がないかというんですよ。何とかなりませんか」

「じゃあ、一度、仕分けの現場を見てみようか」

伊賀は、二つ返事で受けた。

研究者の勘というか、何か面白そうな気がしたのである。

まもなく伊賀は、見学のため品川にあった大手宅配業者の配送センターを訪れる。伊賀の目に映る仕分け作業の現場は、まさに手作業そのものであった。

まず作業員は荷物に貼られた伝票の住所を見て、行き先別に番号が書かれた大きな箱に入れる。その箱をベルトコンベアに流すと、監視所ともいうべき少し高い場所に設置された部屋から別の作業員が番号をカメラの映像で確認して、ボタンを押して荷物の流れを変える。つまり、番号ごとに荷物を仕分けすると、同じ番号の荷物を待つトラックに届けられるというわけである。そしてトラックは、目的地を目指して配送センターを後にするのである。

伊賀の回想——。

「配送センターでの仕分け方法を見たとき、これは無線しかないと思いました。それで、ちょっと考えてみることにしたんです。最初、ふた通りの方法を考えました。当時はバーコードがありましたので、そこに住所などの情報を入れて光（センサー）で読み取る方法ですね。無線も光ですから、光という意味では同じなんです。他は、もう少し周波数の低い無線を使うことでした」

## 無線ICタグ

しかし伊賀は、すぐにセンサーを使う方法を諦めることになる。というのも、ベルトコンベアに流れる荷物に付けられたバーコードを読み取るには、四方八方からセンサーをあてなければならなかったからだ。それは物理的に不可能だった。とくに、コンベアに乗った荷物の真下にバーコードがきた場合、コンベアを透明にするか、コンベアを通過するセンサーが必要になるからだ。

伊賀は「これでは、何か面倒くさそうだな」と思い、すぐさま無線方式に切り替えたのだった。無線ならセンサーの持つ問題点は一挙に解決できるし、ソニー入社以来、無線関係の研究に携わってきた伊賀にとっては、まさにホームグラウンドである。

そこで伊賀が考えたのは、荷物にタグ（荷札）を付け、無線でタグにある宛先などの情報を送信できれば、自動的に仕分けができるのではないかというものだった。いまでいう「無線ICタグ」のアイデアである。

さっそく伊賀は、宅配物に貼る無線タグを内蔵したIC（集積回路）カードの開発にとりかかった。宅配物は、毎秒二〇メートルの速さでベルトコンベアの上を流れていく。無線タグから送信される信号（情報）を、一〜二メートル先に設置されたリーダー（読み取り機）は一瞬にして読み取らなければならない。

ただし問題が、ひとつあった。

電波を出す（送信）には、それなりの電力を必要とする。とはいえ、カードには大きさに制限がある。出力に必要なだけの電池を組み込むことは、当時の技術では不可能であった。そこで伊賀は、リーダーから出る電波を利用することを考えた。リーダーからの電波をカードに反射させ、その反射した電波にタグの情報を乗せて送らせるというものだ。

そのために伊賀は、あまり電流を必要としないFET（電界効果トランジスタ）を利用することにした。FETを無線タグに付けられたアンテナに接続すると、リーダーからの電波を受けたとき、FETがオンの状態であれば電波を反射する。オフにすると、反射波は生じない。つまり、反射型送信装置となるというわけである。

しかもこの方式では電力をほとんど必要としないうえ、構造が平面的なFETは集積化が容易なことからICに組み込むには適していた。また、無線タグを組み込んだICカードそれ自体が電波を出すわけではないので、無線局への申請も必要なかった。

翌八八年一月、伊賀章は部下の大芝克幸と無線ICタグの無線技術の特許を申請した。この無線技術は、のちにフェリカで使用する無線技術の根幹となるものである。まもなく伊賀は、ICチップの試作をソニーの半導体部門に依頼する。

その一方で、伊賀は無線ICタグの商品化への手を打っていた。

「これ（無線ICタグ）は早晩モノ（商品）になるだろうから、早いうちに事業部に渡して商品化してもらわなければならないと思っていました。しかし研究所も他の仕事で手一杯だったものですから、無線ＩＣタグの研究・開発のために新たに人を割く余裕がありませんでした。そこで、事業部から人を出してもらうことにしたのです。もともと宅配業者の話を持ってきたのが業務用機器の営業部隊の人間でしたから、ＯＡシステム事業部（当時）に頼みました」

ノンコンのビジネスは当時、厚木の情報機器事業本部が担当していた。ＯＡシステム事業部は、その傘下にある一事業部である。伊賀は副本部長の山縣研二を訪ね、無線ＩＣタグの早めの商品化のためにも、人手を事業部から出して欲しいと頼んだ。

伊賀の説明を聞いた山縣は、こう即答した。

「それは、面白そうだね。やってもいいよ」

副本部長の山縣の了承を得た伊賀は、さっそくＯＡシステム事業部から数名のエンジニアを情報処理研に出して欲しいと申し出たのだった。

## 電子乗車券の萌芽

一九八八年三月、ＯＡシステム事業部から数名のエンジニアが、伊賀の無線ＩＣタグ研究チームに加わった。その中のひとりが、のちのフェリカ開発の中心エンジニアとなる日下部進である。その日下部に、伊賀はリーダーの試作を依頼した。

「ＩＣチップは半導体部門に発注済みだから、もうすぐサンプルが届く。その間に、リーダーの試作を頼みたい。一年ほどで事業化できると思うから、終わったら元の職場に戻れるよ」

日下部の回想――。

「リーダーだけ作ればいいから、一年間助っ人で来てくれという話だったんです。もともと（ＯＡシステム事業部に）戻ってビジネスにすることが前提でしたので、私としては研究所に移ったというよりも、派遣された、出向したという感じでした。ただ異動といっても、同じ建物の三階から六階へ移っただけだったんです」

いわば、日下部はビジネスを担当する事業部からの先遣隊であった。

五月、半導体部門から伊賀が発注していたＩＣチップ（ＩＣカード）が届く。

さっそく日下部は、試作したリーダーでデータの読み取りを試みた。一〇メートル先からでも読み取りは可能という話だったが、実際には大量のノイズが発生してまったく読み取れなかった。そこで距離を縮めていき、ようやく一メートルまで近づいたところで何とかノイズとデータが半々の割合になった。しかしこれでは、とうてい使い物にはならなかった。期待通りの読み取りを実現するには、ＩＣチップの再設計が必要だと日下部は判断せざるを得なかった。

さらにＩＣチップの製造コストが、伊賀や日下部ら研究チームに追い打ちをかけた。当初、伊賀は一平方ミリメートルのＩＣチップなら、一個十円程度で済むと考えていた。しかし実際の製造コストは、百円から二百円もかかることが分かった。これでは、大手宅配業者の希望する無線タグの価格、一枚十円から二十円とは、ヒト桁も違ってしまう。これだけでも問題なのに、ＩＣチップやアンテナなどを組み込んだＩＣカードでは、価格は最大で二千円にもなった。

もはや、大手宅配業者とのビジネスは諦めるしかなかった。しかし伊賀は、無線タグの研究開発の続行を決断する。

その理由を、伊賀はこう語る。

「私自身に技術へのこだわりというものが、ものすごくあるんだと思うんです。ソニー入社以来、ずっとそうだったと思います。ＣＤ（コンパクトディスク）のデジタルオーディオの部分の特許は、私が考えたものですし、コンシューマー用のＧＰＳ（全地球測位システム）やその受信機も私が日本で最初に開発しました。そういった新しいものをソニーの中で、いろいろ開発してきていましたね。無線タグのアイデアも、自分ではなかなか面白いなと思っていたんです。だから、無線タグが（ビジネスとして）ダメになった時には、どこかにねじ込みたい、無理矢理にでも何とかしたいという思いがありました」

伊賀章は、一九四九年一月五日、岡山県に生まれた。関西の大学（電子工学専攻）を卒業後、一年ほど別の会社に勤めたのち、ソニーに中途入社している。新たな活路をソニーに求めたのは、創業者の井深大に代表される、自由闊達な雰囲気の中で技術開発が行えるというイメージに憧れたからだった。関西でもソニーは技術開発に力を入れ、新しいことにチャレンジするというイメージが強く、そのことも伊賀の選択に大きな影響を与えていたのである。

伊賀の回想――。

「ソニーに入ったら、こういうことをやりたいという具体的なものは、とくにありませんでした。私は、幼い頃から電子関係が好きでしたから、それがタダでできるのならハッピーだなと思っていました。面接で研究所勤務を希望しましたから、入社したらすぐに研究所の配属になりました。その時に、デジタルオーディオの研究を始めたわけです」

そんな伊賀が大手宅配業者の自動仕分けの話に興味を抱いたのは、コンシューマー用のGPS受信機の開発を終えて次のテーマを探していた時である。しかし取り組んだ無線タグの商品化は、高価格がネックとなって商談はまとまらなかった。それでも伊賀は、無線タグの研究開発の成果を「どこかにねじ込みたい」と思案し続けた。

そこにひとつの朗報が届く。

それは、JRの研究機関である「鉄道総合技術研究所」の三木彬生からの「（無線タグの技術を）定期券に使えないだろうか。開発を続けているのなら、（現物を）見せてくれないか」という申し入れがあったことだ。

三木からの申し入れについて、伊賀はこう述懐する。

「鉄道総研が定期券に使いたいと考えていて、しかもそのプロジェクトが進んでいたなんて全然、知りませんでした。うちが無線タグの研究開発をやっているということを、どこかで聞きつけたのでしょうな」

## 「書き込み」機能

三木彬生は当時、鉄道総研の情報制御関係の研究室に所属していた。そこでは、ICカードの鉄道への応用を模索していた。例えば、運転関係の情報カードに使えないか、あるいは社員証としてはどうか等々……。中でも、研究室のリーダーだった三木は、ICカードを乗車券に利用できないかと考えていた。

JR東日本では、国鉄時代の一九六〇年代の終わりには磁気式自動改札機を実用化していた。ただし、磁気式には見過ごせない問題があった。それまで乗降客はパスケースに入った定期券を駅員に見せるだけで改札口を通れたが、磁気式ではパスケースからいちいち定期券を出しては自動改札口に「通す」必要があった。乗降客にすれば、毎回パスケースから定期券を出すという余分な動作が増えたことで、以前よりも不便になった。

もしパスケースから定期券を出すタイミングを間違えたり、自動改札口にうまく通せなかったりして余分に時間がかかれば、逆に朝夕の通勤ラッシュ時の改札口周辺を混雑させかねなかった。

三木は、定期券をICカードにすれば、パスケースに入れたままで自動改札口を通ることができると考えたのだ。ICカードには接触式と非接触式の二種類あったが、三木が想定したのは非接触ICカードのほうである。

ところで日下部によれば、ソニーと鉄道総研を結びつけるキッカケを作ったのは創業者・井深大の長男・亮だった、という。

「国分寺にあった鉄道総研がＩＣカード乗車券の研究開発をしているという新聞記事を、最初に見つけたのは井深亮さんだったかも知れません。いまはもうはっきりしませんが、とにかく新聞記事が（研究開発チームに）持ち込まれ、ここに一度売り込みに行きましょうかということになったんです。当時、井深亮さんは厚木（の事業部）におられて、研究所にいた私とは、しょっちゅう話をする仲だったんです。しかも鉄道総研の理事長はソニー創業者の井深大さんが務められていましたので、そこで井深亮さんを通じて、このルートを活かせば、鉄道総研の開発責任者と会えるのではないかと考えたのです。実際、アポがとれました」

次のビジネスの相手を探していた伊賀たちにとって好都合だったのは、日下部が伊賀の設計したＬＳＩを改良し、いろんな課題がまだ残っていたとはいえ、とにかく無線ＩＣタグが原理的に動くことを証明できるところまで仕上げていたことである。改良版は、一メートル離れた距離から秒速一〇メートルほどのスピードで読めるようになっていた。

一九八八年六月、伊賀章は日下部進をともなって、国分寺の鉄道総合技術研究所を訪ねた。日下部の手には、出来上がったばかりの無線ＩＣタグ（非接触ＩＣカード）とリーダーがあった。

鉄道総研からは、ＩＣカード乗車券の研究開発チームのリーダーである三木彬生の他にも、後藤浩一と松原広の二人のメンバーが同席した。その三人の目の前で、日下部は無線ＩＣタグとリーダーの間で読み取りが出来ることを実際にやってみせた。リーダーから二〜三メートル離れた距離から無線

ＩＣタグを近づけていき、三人に「ちゃんと読めますよね」と確認させたのである。その瞬間、三木ら三人が非常に興味を抱いたことは傍目で見てもよく分かった。

さらに、日下部は「新しいＬＳＩを作ったら、もっと性能が良くなりますが、いまはとりあえずデモできるのはこの程度です」と、さらに改良の余地があることを説明した。

三木は、その場で伊賀にＩＣカードの共同開発の申し入れを行った。ただし、条件がひとつ付いていた。それは、「読み取り」だけでなく「書き込み」も出来るようにして欲しいというものだった。

## 伊賀の執念

三木の考えは、改札の処理は改札機とＩＣカードの間で完結させるべきというものだった。というのも、停電などでデータ処理のためのサーバー（通信用コンピュータ）が止まったりしても、社会インフラとなっている鉄道は簡単に電車を止めることが出来ないからである。それゆえ、ＩＣカードに入出場の記録を書き込ませる必要があった。

日下部の回想――。

「当時、読み書きが必要だと言われたとき、サーバーで処理するから読み取り（機能）だけでいいという考えは、まだありませんでした。というのも、大手宅配業者の無線タグを作るので精一杯で、しかも配送センター内での処理が目的でしたから、オンラインの考えはありませんでした。それに肝心の宅配業者の店舗間が、まだオンラインで結ばれていない時代でした。伊賀さんの設計したＬＳＩはメモリを食うため、書き込みに使えるのは一〇バイトぐらいしかありませんでしたが、複雑なものではなくとにかくデータが書き込めればいいという話でしたから、たぶん出来るだろうと思いました。それで『じゃあ、書けるやつも作りましょう』と言ったのです」

他方、伊賀は三木からの共同開発の申し入れを別の面から見ていた。

「後から知ったことですが、三木さんたちは、すでに別のメーカーと組んでＩＣカードの開発を一緒にやっていたんです。ただその試作品は、カードというよりも厚さが一センチもあるけっこう大きなものでした。三木さんの開発チームでは『弁当箱』と呼んでいたそうです。三木さんも『さすがにこれでは、当分はものにならないな』と頭を抱えていたというんです。しかし私たちのＩＣカードは、もともとタグにするつもりでしたから、すでに薄いカードになっていました。それで見せたら、三木さんたちもソニーのほうがいいという話になったんです」

その日から、伊賀と日下部の鉄道総研通いが始まった。

三木からは書き込み以外にもいろいろな改善の要求があり、その都度改良を加えたものを持参する必要があったからだ。他方、伊賀や日下部たちも、三木たち研究開発チームに新しいアイデアや自分たちの考えを伝えることを厭わなかった。そのために、一週間に一度の割合で話し合いの場を持つことも珍しくなかった。もちろん、その間も三木は「うちは、書き込み機能がなければダメなんだ」と二人に念押しすることを忘れなかった。

三カ月後、日下部は書き込みを可能にした試作品を完成させ、三木たちに届けた。それを見た三木らは、読み書きの両方が出来る非接触ICカードの実現を確信した。

さっそくソニーの情報処理研究所では、日下部たちの手で「電池付きRF―ID（無線ICタグ）」（鉄道総研から見れば、非接触ICカード）の商品開発が開始された。

鉄道総研は八八年十一月、ソニーとの間に正式な共同開発の契約を交わした。共同開発の話が三木から提示されて正式契約まで約半年もかかったのは、鉄道総研側に「書き込み」機能の実現を確かめてからという判断があり、それまでは正式契約せずにじっくり待つ考えだったのではないか。

一方、大手宅配業者とのビジネスが白紙に戻ったあと、ソニーが鉄道総研との共同開発を正式にスタートさせることが出来たのは、伊賀の「どこかにねじ込みたい、無理矢理にでも何とかしたい」という執念の成果とも言えなくもない。しかも鉄道総研との共同開発がうまくいけば、将来はJR各社に採用され、JRグループという大企業との大きなビジネスに繋がる可能性があった。

ところが伊賀は、すでに次のビジネスを模索し始めていた。

「電子乗車券（非接触ICカード）以外にも、何とか量（販売）を増やさないとビジネスとしては成り立たないという強い思いがありました。JRに採用されたとしても、単純に乗降客が多い首都圏だけで考えても、（発注が）一千万枚いくかどうかという程度の話なんです。それで、三木さんに一枚百円ですと言って出せば、百円×一千万枚で十億円です。カードの製造ラインの建設費用は、見積もっただけでも十億円では足りないんですよ。これじゃ、カードは作れないです。せめて一億枚、出来れば数億枚という量をなんとかしないとビジネスにならないと思いました」

しかも開発の中心エンジニア・日下部進は、ある選択を迫られていた。

日下部は事業部から一年の期限付きの「出向」という形で、情報処理研究所に移ってきていた。その約束の一年の期限が数カ月後の翌八九年二月に迫っていたにもかかわらず、日下部は元の事業部に戻る決心が付かずにいたのだ。というのも、一年したら事業部に戻って商品化（事業化）するはずだった無線ＩＣタグがコスト面での採算が合わず見送られたため、日下部には肝心の持って帰る商品化のネタがなかったからだ。手ぶらで帰るわけにはいかなかった。

## 入退室管理システム

そんなとき、元の事業部の営業部隊が日下部にあるアイデアを持ち込んできた。ただし元の事業部は、日下部が情報処理研に出たあと、組織改革及び再編が行われて「カメラ事業本部」に生まれ変わっていた。カメラ事業部は監視カメラ、つまりセキュリティ関連のビジネスも手がけていた。そこの営業部隊が、日下部に無線ＩＣタグの技術が「ＩＤ（個人認証）カードに使えませんかね」と打診してきたのである。社員証、具体的に言うならビルや各フロア、各部屋の入退室の管理などに使えないかというものだった。カードをかざすだけでドアの開閉に使えれば、これほど便利なものはない。

ＩＤカードなら読み取り機能があればいい。日下部は「ＩＤカードだったら、使えるかも知れないね」と答えた。ＩＤカードがビジネスになるのなら、事業部に持って帰る商品化のネタとしても十分だった。

営業部隊が目を付けていたのは、バブル景気に沸いた八八年当時、都市圏で展開されていたオフィスビルの建築ラッシュだった。とくに「新都心」と位置づけられた都市には、インテリジェントビルと呼ばれる、来たるＩＴ時代に対応した新しいオフィスビルが次々と建てられていた。千葉県の幕張地区の「幕張新都心」がその代表で、高層のオフィスビルの建築が進められていた。

伊賀の回想――。

「幕張の高層ビルに目を付けたのは、今後も建設ラッシュが続くだろうから、入退室の管理システムの大きな市場を見込めるのではないかと考えたからです。ただビルに入居する企業に直接話を持っていくのではなく、そのビルの建設を請け負った、あるいはシステムグレーターの建設会社を通して話をするようにしました。そうしないと、直接交渉で商談がとれたとしても、（非接触ＩＣカードは）その一社だけの何千枚かの受注で終わってしまいかねませんからね。システムグレーターのような建設会社と一緒なら、次々と納入先を見つけられます。ですから、彼らと一緒にビジネスを展開する必要があったのです」

たしかに伊賀の指摘のように、量の確保のためには鉄道総研（電子乗車券）以外にもビジネスの道を広げることは不可欠である。しかしこのことは、開発現場にとって、電子乗車券と入退室管理という二つのシステムに対応する非接触ＩＣカードを開発することを意味した。つまり伊賀の判断は、二つの非接触ＩＣカードをほぼ同時並行で開発しろというものであった。

考え方としては、まず読み取り機能だけの非接触ＩＣカードを開発し、それに書き込みの機能を付加する。もうひとつは、読み取りと書き込みの両方出来る非接触ＩＣカードを最初に開発したのち、ＩＤ対応の開発を行うというものだ。ただし後者の場合、ＩＤカードの納入が遅れるという問題があった。

しかし日下部は、ほぼ同時進行の形で二つのＩＣカードの開発に臨んだ。共通部分（ＬＳＩ）を完成させてから読み取り機能を付け、そして書き込み機能を付けたのである。一九八九年二月、日下部は読み取り機能が付いたＩＣチップ（ＩＤカード）を完成させた。

約一カ月後、日下部たちは鉄道総合技術研究所に三木を訪ね、電池付き電子乗車券（鉄道総研では、ｍｕＣａｒｄと名付けた）を納入したのだった。

ここで完成したＩＣチップを持って事業部に戻り、ＩＤカードの事業化に携わるのが日下部の本来のミッションである。しかし戻るべき元の職場は、組織編成で変わってしまっていたし、最初から関わってきた鉄道総研の共同開発から離れることには躊躇いがあった。そんな日下部の立場を察したのか、伊賀は日下部に「今後、どうする。戻るか」と聞いてきたのだった。その瞬間、日下部は「もう私は、（元の職場には）帰りたくないのでここにいます」と答えていた。

こうして一年の約束だった日下部の「出向」は、終わりを迎えるのである。しかしそれは同時に、その後十六年間に及ぶソニー独自の非接触ＩＣカード技術「フェリカ」の開発とビジネスにのめりこんでいくことを意味した。もちろん当時、日下部はそれほど長い付き合いになるとは思ってもいなかったであろう。

## 実業家の血筋

日下部進は、一九五七年四月二十二日、神戸市の舞子で生まれた。

生家は、いまは人手に渡って「舞子ホテル」に衣替えしているが、舞子ヶ浜の小高い丘の上に建ち、淡路島も望める邸宅だった。五千坪の敷地面積には、三階建ての洋館と平屋建て書院造りの和館などが建てられていた。

この豪邸を建てたのは、明治・大正期に「海運王」と呼ばれた日下部の曾祖父・久太郎である。エンジニアでありながら、日下部がのちにフェリカ事業で見せた優れたビジネスセンスは、曾祖父の存在と決して無関係ではあるまい。日下部のビジネスセンスを理解するため、曾祖父まで遡ってみる。

日下部久太郎は、一八七一（明治四）年に岐阜県羽島郡（現、羽島市）正木村で、庄屋の次男として生まれた。十七歳のとき、親族が共同出資した海産物商で働くため、彼は北海道の釧路に渡った。もともと独立心が旺盛だった久太郎は、いつかは独立して会社を起こしたいと考えていた。

三十歳のとき、久太郎は函館へ出て海産物などを扱う商店を興した。商人としての旅立ちである。しかしその後、失敗と成功を繰り返すという厳しい道を歩むものの、決して挫けることはなかった。そして一九一七（大正六）年、神戸を拠点とする「日下部汽船」を設立するのである。内海航路のビジネスへと踏み出した彼は、成功し立志伝中の人物となる。

久太郎は、航路の寄港地である東京、神戸、函館、そして生まれ故郷の岐阜にそれぞれ別邸を構えた。彼には息子が四人いたが、その子供たちを各別邸にそれぞれ住まわせている。彼自身は、日下部汽船の本拠地・神戸の別邸に一番長く住んだ。

神戸・舞子の別邸は、一九一九（大正八）年前後に落成したと言われるが、正確な完成時期は不明である。明治から大正にかけて、上流階級の住まいは洋館と和館が併設されることが普通だったという。洋館は来客用に、和館は家族の住まいにあてられた。建築に使用する材木は故郷に近い木曽の山々から切り出したものを取り寄せるとともに、築山を設けた庭園の造成のため庭師まで岐阜から呼び寄せたと言われる。

洋館には、フクロウが描かれたステンドグラスを始め装飾ガラスが多用され、応接室には大理石造りの暖炉を備えるなど贅を尽くしたものになっていた。また、カウンター付きのバーやビリヤードのセットも置かれるなど、久太郎はなかなかハイカラな人だったようである。

舞子の別邸には、久太郎の他には長男で日下部の祖父にあたる久男が家族と一緒に住んでいた。久男は久太郎の後を継いで日下部汽船の社長に就任するが、彼もまた先代に劣らず商才に恵まれた経営者だった。

終戦後、日本の海運業は敗戦の痛手から日本経済同様、混乱の中にあった。ほとんどの海運会社が不況で倒産に追い込まれ、日下部汽船の経営も傾いていた。しかし日下部家には、曾祖父の時代に築いた不動産などの資産が残されており、祖父たちはそれらを売却しながら食いつないでいた。とはいえ、汽船会社はもはや事業として続けることは難しく、資産売却による資金の手当てをしても、それは自転車操業に陥るだけであった。

そこで祖父の久男は、日下部汽船の業種転換に臨む。たまたま久男は、神戸市が埋め立てを計画していることを知る。そこで神戸市に掛け合い、「埋め立てをするなら、土は海から運んだほうが便利だし、効率的だ」と言って説得し、受注に成功したのだ。しかしその「海から土を運ぶ」というアイデアを実現可能なものにしたのは、日下部の父・紀一郎である。

それは、埋め立て事業用の底開き式船の発案と、ヘドロの海底を均一に埋め立てる工法である。神戸のポートアイランドの埋め立ても初期は、日下部汽船の担当だった。紀一郎の考案した手法は、作業を進めるうえで効率的なことが周知され、次第に日下部汽船は土木作業が業務の中心となっていった。

最終的に日下部汽船は業種転換に成功し、社名も日下部建設に変更され、生まれ変わることになった。久男は二代目社長だが、ある意味、日下部汽船の「中興の祖」と呼んでも差し支えない。

## エンジニアの血

その久男に気に入られて、日下部家に婿養子として入ったのが、日下部進の父・紀一郎である。戦後、神戸・舞子の別宅は進駐軍に接収され、彼らの宿泊施設になっていた。そのため、久男の一家は離れの日本家屋に住んでいた。周囲には、事業の成功者たちの豪邸が建ち並んでいたが、いずれも戦火を逃れて疎開するなど戦後まもなくは戻ってきていなかった。

そうした主不在の家のひとつを留守番していたのが、紀一郎である。そしてその隣家には、久男の自宅があった。紀一郎は手先が器用な人らしく、進駐軍の払い下げ物資から古くなった電気部品を見つけ出し、それを利用しては電気蓄音機（かつてのレコードプレーヤー）などの電気機器を作って楽しんでいた。

ところが、紀一郎が作った電蓄をどこで聞き及んだのか、久男の知るところになった。しかも、それをすっかり気に入ってしまうのだ。そして久男と紀一郎の間で、「売れ」「売らない」といったやり取りが続いたのち、最後は久男の「大金を払う」のひと言で紀一郎が折れる形になった。

もともと趣味を兼ねて自分のために作った電蓄だから、売り物ではないという気持が紀一郎には強かった。だから、「売らない」と言い続けたのだが、そうした態度を久男は逆に気に入ったらしく、いつの間にか「うちに遊びに来い」としばしば誘うようになっていった。紀一郎も熱心な誘いに抗しきれず、日下部家に足を向けるようになり、このような不思議な縁から婿養子の話が生まれたと言われる。そして紀一郎は日下部汽船に入社し、のちに専務まで昇任し久男を支えることになる。

日下部進は、エンジニアの資質を電気関係に強く手先が器用だった父・紀一郎から受け継ぎ、商才を曾祖父・久太郎と祖父・久男から引き継いだと言える。

ところで、紀一郎は二男一女に恵まれたが、日下部進は末っ子である。兄は父の後を追って日下部汽船に入社したが、日下部自身は父からあまり「（日下部汽船に）入れ」とは言われなかったという。

中学・高校は、父の出身である中高一貫教育のカトリック系男子校「六甲学院（六甲中学、六甲高校）」に進んだ。六甲学院は、校則や躾けに厳しいことで有名で、その厳しさに耐えかねて中途退学者も少なくないと言われる。

日下部は、中学・高校時代をこう振り返る。

「生まれた時からカトリックとは関係ないのですが、たまたま通っていた幼稚園がカトリック系ということもあって、父がOBの六甲に進みました。たしかに六甲は厳しい学校でしたが、それゆえに私は、厳しさに反発するのではなくかわす術を身に付けたように思います。それでも私のせいで、親が何回も学校に呼び出されたりもしましたが、親も『そうですか』という程度で、とくに厳しく叱られた記憶はありません」

中学・高校時代の日下部は「典型的な理系の人間でした」と認めるが、それは何も父親など外部の影響からではなく、自分に興味があるかないかで決まっていたようだと振り返る。興味があれば、とくに勉強しなくても頭にスーッと入ってきたし、身に付いたというのである。

それゆえ、同じ理科であっても物理は好きだが生物は嫌いだとか、数学でも幾何は得意だが、代数（計算）はまったく苦手という悩みが生まれる。

「代数の数字には、メートルとかグラムといった『単位』がないんです。単位がなくて数字だけ計算していても、何のために計算しているのかも分かりませんから、具体的なイメージがわかなくて苦手でした。でも物理で使う数学には単位がありますから、少々複雑な問題でも抵抗なく頭に入ってきてイメージがわくから分かるんです。ですから、後追いする形で過去に習った数学を物理などで使う場面になると、何の問題もなく理解できるようになりました。それまでは、数学では完全に落ちこぼれでしたね」

また日下部は国語・社会・英語といった文系の科目の成績がまったくダメだったため、大学進学では最初から国公立は考えられなかった。そうなると必然的に、試験科目が数学と理科、英語の三教科の私立の理系しか残されていなかった。もちろん日下部には、たとえ英語が零点でも他の二教科でカバーできるという自信はあった。

## 目を覚ました商才

ロボットに興味があった日下部は一九七六年四月、早稲田大学の理工学部に進み、機械工学を専攻した。機械工学科には、日本のロボット研究の第一人者である加藤一郎教授がいた。日下部は加藤の下で、二足歩行ロボットの「制御」関係を勉強したいと思ったのだ。専門課程に進むと、ロボットをコントロール（制御）するコンピュータ開発に携わる。

他方、早稲田の自由な校風の中で、日下部進は自らの興味のおもむくままに、いろいろなことに挑戦していく。そのひとつに、自分の力だけでコンピュータを作りたいという目標があった。そして大学三年の時に、自作のコンピュータ作りを始めたのだった。ただし当時は、フロッピーディスク・ドライブは高嶺の花で、八インチのそれは一台十八万円程度は覚悟しなければならなかった。

日下部は、フロッピーディスク・ドライブを作るため、いろんな技術雑誌や専門書などを読み耽っては「どうやって動いているのだろうか」とその仕組みを探った。そうした試行錯誤を続ける一方、部品などを買い求めては電気街の秋葉原に足繁く通ったのだった。

そんなとき、親しくなった店の関係者から「いろんなものを作ってみないか。八倍速のデュプリケーターなんかは、どうだろう」と声をかけられる。

好奇心旺盛な日下部は、「じゃあ、ちょっと作ってみましょうか」と二つ返事で引き受けた。デュプリケーターとは、フロッピーディスクのコピー機のことである。当時、ソフトウエアは、八インチのフロッピーディスクに記録して発給されていた。つまり、マスターを一枚作ると、マスターから必要な数だけコピーして、配布していたのである。

マスター一枚に収められたデータすべてを、いったんデュプリケーターのメモリに記録したのち、フォーマットされていないフロッピーディスクに書き込んでいく。記録時間は、一枚で約二分。その時間を、もっと短縮できないかというのである。

日下部はコンピュータ作りをいったん中止し、デュプリケーターの改良にとりかかった。やがてフロッピーディスクを両面同時に記録させる方法を見つけるなどして、コピー時間を十五秒ほどに短縮することに成功した。

それを日下部は、企業などからフロッピーディスクのコピーを請け負う、いわゆる「コピー屋」に売ったのである。そのうち、大手コンピュータ・メーカーなどでは、コピーを外部へ発注するのではなく自社で機械を購入し、いろんなところへのデータ配布に活用したいと考えるようになり、その話が仲介者を通して日下部のもとへもたらされた。

日下部は、仕事を引き受けるにあたって二つ条件を出した。

ひとつは、製品を作る費用は全額購入する企業が持つこと。

二つ目は、一台売れるごとにギャラを支払うこと。

これは、なかなか考えられた条件である。まず材料費などの自己負担がないため、学生の日下部にとって仕事を受けやすいことである。もし売れずに在庫になっても、日下部のリスクはその分のギャラが入ってこなくなるだけで、負債を抱えたりすることはない。要は、タダ働きで終わるだけで実害はない。

日下部の回想――。

「実際に、その製品を設計しソフトウエアを開発したりするのは、ほとんどタダ働きのようなものでした。でも一台売れたらいくらくださいねという契約をしていましたから、けっこう売れたのでお金がかなり入ってきました。ずっと売れ続けて、ソニーに入ってからもしばらくは豊かでした。一時は、給料の三倍から四倍ぐらいのお金が入ってきていましたからね」

このビジネスモデルの最大の特徴は、購入希望の企業に対する条件や受注などの交渉、あるいは材料費などの具体的な資金の調達は仲介者がすべて行い、日下部は依頼された製品の開発に専念するだけでよかったことである。それゆえ、日下部は仲介者と話をするだけで、それ以外のことはいっさい気にする必要がなかった。

リスクを最小限にし、利益の多寡ではなくその確保の確実性を求めた日下部の最初のビジネスは、学生とは思えない優れた「商才」を発揮したものである。これは、曾祖父・久太郎や祖父・久男から引き継いだ天分だと言えるだろう。

## ソニーかアスキーか

初めてのビジネスで高額な報酬を手にした日下部にとって、学生生活は経済的な不自由とは無縁のものであったろう。

もともと父・紀一郎は「大学に行きたければ、どこでも行かせてやるぞ、学費もいくらでも出してやる。もし行きたくないのなら、行かなくてもいいぞ」という考えで、日下部の進路については本人に任せ、何かと嘴を挟むようなことはなかった。

日下部が進学すると、研究や勉強に必要なものであれば、高額なものであってもいくらでも買ってもらえた。例えば、オシロスコープ（電気信号の波形を表示する計測器）などの機材が、日下部の自宅には所狭しと置かれていた。新しいデュプリケーターの開発を、日下部が自宅で行えたゆえんである。

日下部のソニー入社の経緯は、他の学生のケースと少し違う。

興味や関心のあることしか勉強しても頭に入ってこないところは、日下部が大学に進学してからも変わらなかった。当然、成績は芳しくない。早稲田のような有名大学ともなれば、各企業に対し、就職の際の「推薦枠」を持っている。推薦枠にさえ入ることが出来れば、よほどのことがない限り、企業は採用する。

しかし成績の悪い日下部は、学校から推薦して貰えそうにもなかった。そんな日下部が目を付けたのは、ソニーだった。

「専攻が機械工学なので電機メーカーに入ると、メカ屋（機械系のエンジニア）さんのところへ行かされると思っていたんです。ところが、ソニーに就職された先輩から『ソニーだったら、そういう事とあまり関係ないよ』と聞いていたこともあって、ソニーで電機関係の仕事をしたいと思いました。しかし成績が悪かったので、ソニーの研究所にいらっしゃった先輩に相談したら、後日、ソニーの人事から『明日、本社まで来てください』という連絡を受けました」

当時、早稲田大学では他の大学よりも就職活動の開始が遅く、企業の受け付けも十月に入ってぐらいからだった。そのため日下部も、十月前のソニーの人事部からの連絡を面接とは思わなかった。髪も長くボサボサ頭のまま、品川のソニー本社を訪ねた。面接は人事部の面接官ひとりで、日下部とマンツーマンで行われた。しかしその内容は、面接というよりも雑談に近いものだった。

そのため日下部は、先輩の口利きがあったから、人事部の人間が会ってくれただけのことだろうと思っていた。しかし一週間ほど経った九月のある日、突然、ソニーの人事部から電話がかかってきた。

「（就職内定が）決まりました。ただ大学との関係もありますから、入社がすでに決まったことは当分、黙っていてください」

日下部は、「あれが、正式な面接だったのか」と不思議な感じに襲われた。少しアンフェアな気がしたが、大学が持つ推薦枠の人数を減らしたわけではなかったし、その枠外での採用だったことが日下部の気分を少し楽にしていた。

しかしこれで、ソニー入社まで何もなかったわけではない。

入社が間近に迫った一九八一年三月、日下部はふとした縁から同じ機械工学科の先輩で、アスキー創業者の西和彦と話す機会を得る。西は「ＩＴ界の風雲児」と呼ばれたベンチャー経営者で、マイクロソフト創業者のビル・ゲイツとも互いの才能を認め合う仲であった。ゲイツの信頼を得た西は、マイクロソフト本社の副社長を務めた時期もある。

その西が、日下部に「ソニーに入ることなんか止めて、こっち（アスキー）へ来ないか」と誘ったのだ。日下部にすれば、世界へ羽ばたく大きなチャンスであった。

「そのとき、ちょっと悩みました。結局、西さんには『ソニーに入って面白くなかったら、そのときは辞めてそっちへ行きます』と返事しましたが、それっきりになってしまいました」

歴史には「イフ」はないとよく言われるが、もし日下部がソニーに入らず西の誘いに応じてアスキーへ行っていたら、ソニーの非接触ＩＣカード技術・フェリカの開発はどうなっていたであろうか。

# 第2章　プロジェクトの中断と再開

一九九〇年一月、東京ガスの新しいオフィスビルが千葉県の幕張新都心に完成した。

このオフィスビルは、日下部たちが開発した入退室管理システムの最初の顧客である。非接触ＩＣカードはアクセス用のＩＤカードとして使われ、リーダー（読み取り機）から送信される電波を反射させることでデータを送ることに成功していた。従来の反射波ではノイズが大量に混入し、どうしてもリーダーが情報を正確に読み取れなかったが、電気信号の符号化方式を変えたことが功を奏したのである。

ソニーの入退室管理システムは東京ガスのオフィスビルで順調に稼働し、評判も良かった。幕張地区はインテリジェントビルの建設ラッシュの頃で、評判を聞きつけた他のビル管理会社からソニーには多くのオファーが寄せられる。非接触ＩＣカードを何とかビジネスにしたいと思案してきた責任者の伊賀章にとって、ようやく訪れた朗報であった。

また、ビジネスになったことは伊賀や開発チームを率いる日下部進にとって、きわめて大きな第一歩であった。読み取り機能だけのＩＤカードから書き込みも可能な電子乗車券の完成までの道筋が見えてきたからである。八九年春に納入した最初の非接触ＩＣカードの試作機（ｍｕＣａｒｄ）は、鉄道総合研究所で運用実験を何度も繰り返していた。

鉄道総研から示された非接触ＩＣカードの条件は、まず何よりも非接触で読み書きが可能なことである。メモリ（記憶）容量が数百バイト、通信が三〇センチの距離内で行えるようにすること、つまり通勤客や通学客がカバンに非接触ＩＣカードを入れたまま、改札口を通過することを想定していたのだった。

さらに、改札口で乗降客の流れを滞らせないために、一分間に六〇人が通過できることも求めてきていた。また、改札でのデータ処理の誤りを一万分の一以下の確率にすることなどの条件も加えられていた。

こうした厳しい条件項目を日下部たちが開発した非接触ＩＣカードがクリアできているか否かを、鉄道総研では三木彬生らがひとつひとつ運用実験で確かめていった。もしひとつでも条件をクリアしていなければ、鉄道総研から伊賀たちに実験結果と改良を求める要望が届けられた。それらの要望に対し、日下部たち開発チームはただちに対応した。

この繰り返しのなか、伊賀や日下部たちは確かな手応えを感じ取っていった。鉄道総研の要望に応えて改良を続けていけば、巨大企業・ＪＲを相手に電子乗車券という次のビジネスへの道がきっと切り開かれると確信したのだ。

ところが翌九一年五月、ＪＲ東日本はプリペイド式磁気カード「イオカード」の導入を決定する。

東京圏の改札業務の改善のため、東京駅と駒込駅を皮切りに各駅へ磁気カードを用いた自動出改札システムを導入していくというものである。

じつはＪＲ東日本では、自動改札機の全面的な導入を計画していたが、その際の方式として非接触ＩＣカードだけでなく磁気式カードも検討していた。もともと磁気を使った自動改札機の利用は、関西の私鉄が先駆けとなって鉄道各社でも始めており、運用面ではすでに実績があったし、高い信頼性を有していた。ただしそれらは、従来の乗車券や定期券に磁気データを加えたもの――例えば、裏面が黒くなった乗車券――で、今回のようなプリペイド（前払い）式のものではなかった。

イオカードはプリペイドという点では、伊賀たちが鉄道総研と共同開発している非接触ＩＣカードと同じで、ＪＲ東日本などＪＲグループに採用されることを目指していた伊賀たちにすれば、まさに競合商品である。

伊賀や日下部ら開発チームは、それまで開発してきた非接触ＩＣカードの技術を何とか大きなビジネスにしたい一心で、電子乗車券としてＪＲグループに採用されることを期待して鉄道総研との共同開発を続けてきていた。それが、白紙も同然になったのだ。

その時の社内事情をＪＲ東日本の技術雑誌「ＪＲ東日本テクニカルレビュー」（二〇〇三年夏季号）は、次のように伝える。

《この時、あるメーカーが、〝これで当面、少なくとも一〇年くらいは、ＪＲ東日本においてＩＣカードを使用した自動出改札システムは採用されるめどがなくなった。他の私鉄も、ＪＲ東日本と接続しているからには、磁気式出改札システムを導入していくであろうことは理の当然である。したがって、当社は、鉄道自動改札用のＩＣカードの研究開発は中止したい。時期を見て必要であれば再開することとしたい〟との通告をしてきました。

また、ＪＲ東日本社内からも、〝ＩＣカード出改札システムに多くの優位な点があることは承知しているが、現段階で採用するだけの信頼性はない。したがって、東京圏には、現在最も信頼のおける磁気式出改札システムの導入を推進していく。磁気式出改札システムの導入を推進しつつ、その不十分な点を改善するために、もっと優れたＩＣカード出改札システムを開発しているということは自己矛盾となりかねない。したがって、ＩＣカード出改札システムの開発を進めていることは積極的にＰＲするな、かといって止めるな、将来はＩＣカード出改札システムとなる可能性が大であるから、そのときに外堀を埋められてしまうことなく、イニシアチブは取れるように、最先端の動きに半歩遅れてついていけ（中略）〟、という難しい要請がありました》（傍点、筆者。高井利之「ＩＣカード出改札システム〝Ｓｕｉｃａ〟開発記」）

## 吹きつのる逆風

鉄道総研で非接触ＩＣカードによる出改札システムの開発に取り組んでいた三木彬生ら開発チームも、ＪＲ東日本の磁気式の採用によって板挟みになっていた。

さらに鉄道総研では、ソニー以外にも非接触ＩＣカードの採用条件を別のメーカー一社にも提示し、その試作でも運用実験を行っていた。三木たちは、ソニーを含め三社に対し、当面採用の見通しが立たない非接触ICカードの開発を今後も続けて欲しいと、まさに虫のいい説得をしなければならなかった。しかしJR東日本の方針が明確である以上、研究所の三木たちはそれに従うしかなかったのである。

他方、伊賀章の立場も苦しいものだった。

無線ICタグから始まった非接触ICカードの開発拠点だった情報処理研究所は解体され、総合研究所に衣替えされていた。伊賀たちはその傘下の情報通信研究所に移って、開発を続けていたものの、IDカード（入退室管理システム）の事業化にともない主体が事業部に移ったため、開発体制は縮小されていたからだ。

そこに、JR東日本の磁気式出改札システム導入のニュースだ。非接触ICカードの採用が当分見込めない以上は、研究開発体制のさらなる縮小は避けられなかった。いくら研究所の目的が研究・開発にあるとはいえ、事業化の見通しの立たない案件に対し、そうそう人員や費用を割くわけにはいかなかった。

日下部自身も、非接触ICカード以外の他の開発にも取り組んでいたので、他の開発予算を一部流用する形で、鉄道総研との共同開発を進めてきていた。伊賀や日下部たちもまた、鉄道総研の三木たちと同じか、それ以上に厳しい研究開発体制を強いられていたのだった。

しかもさらなるダメージが、伊賀たちを襲った。

入退室管理システムを導入した幕張新都心のインテリジェントビルで、リーダーが非接触ICカードの情報を読み取れないトラブルが続出したのである。明らかに電波干渉が原因だった。さっそく、日下部は幕張に出向いた。

日下部の回想――。

「入退室管理システムが最初に入ったのは、幕張の東京ガスの高層ビルでした。そしてその周辺のビル全部に営業が売り込んだんです。営業としては当然、高層ビルに入れるのなら幕張ということになりますから。結果、周囲の多くのビルで採用が決まったのですが、そのため電波の干渉が起きたのです。リーダー間の干渉は強く、三〇〇メートルぐらい離れていても干渉しますから」

もちろん、日下部が入退室システムの導入に際して、電波の干渉問題をまったく予想していなかったわけではない。

「リーダー間の干渉を防ぐために、各リーダーを六〇チャンネルに分けて対応させていたんです。六〇台以上必要な場合は上層階と下層階に分けて、同一チャンネルを使うようにしました。ところが、そのようにして同じビル内で干渉しにくくするのも面倒なのに、ビル同士でも干渉が起きていたんです。高層ビルが密集して建てられていたことも、干渉を引き起こしていた一因でした」

東京ガスのインテリジェントビルに入退室管理システムを導入した頃は、まだ「密集」と呼べるほど幕張新都心には高層ビルは建っていなかった。その段階で、日下部は東京ガスのインテリジェントビルで干渉の有無の程度を調査し、十分と思える対策をとっていたのだが、彼の想像以上に密集した高層ビル群が誕生していたのである。

しかし日下部には、すぐに干渉をなくす手立てはなかった。他方、ビジネスの窓口である事業部の営業部隊にすれば、ユーザーからクレームが出るような商品を販売するわけにはいかなかった。

一九九二年六月、ソニーは入退室管理システム事業からの撤退を決定した。それにともない、インテリジェントビル向けのIDカードの新規受注も停止されたのだった。

幕張新都心以外にも市場を見つけられたなら、入退室管理システムのビジネスがもっと大きな市場だったなら、時期を見て再参入を考えるという選択肢もあったかも知れない。しかし九〇年前半から始まったバブルの崩壊でオフィスビルの建設ラッシュは止まっていたし、干渉問題解決のメドも立っていない以上は、事業部の撤退判断はやむを得ないものであった。

## 開発中止の舞台裏

かくして非接触ICカードを利用したビジネスで残ったのは、当面採用される見込みのない電子乗車券（出改札システム）だけになってしまう。開発費は他の開発予算から回し、開発に携わる者は日下部と部下ひとりというお寒い状態であった。

他方、三木彬生は鉄道総研からJR東日本へ移り、改めてソニーにJR東日本との共同開発を申し入れてきていた。それには、伊賀たちも積極的に応じていた。しかしそのJR東日本との共同開発も、もはやソニーには重荷になっていた。正直なところ、非接触ICカードの開発チームを統括してきた伊賀章にはそんな余裕はなかった。

伊賀の回想――。

「ＪＲ東日本に三木さんが移られてからもしょっちゅう会っていましたし、いろんな話をしていました。三木さんからＪＲ東日本との共同開発を続けて欲しいと言われても、うちのほうも慈善事業をやっているわけではないですから、いつ頃になったら、どういう形でコミットできるのか、何か一筆ちょうだいよと話したこともあります。会社対会社の話ですからね、事あるごとに三木さんには言いました。

時には電話でも『三木さんから開発を続けて欲しいと言われても、こっちとしては採用のメドもたっていない段階で、上司に（開発を）続けますとは言えません。どれだけ購入するとか、何か約束してくれないと続けられませんよ』といった内容の話を何度もしました。冗談ですが、三木さんには『（購入を約束した）小切手を切ってくれ』とまで言ったことがあります」

もちろん、三木には購入を事前に約束する権限はないし、技術部門の担当であってビジネスに関与する立場ではなかった。そんなことは、伊賀も百も承知である。しかしそうでもしない限り、ソニー社内では非接触ＩＣカードの研究開発を続けられない状況に追い込まれていたのである。

入退室管理システム事業の撤退から二カ月後、伊賀章はＪＲ東日本の三木に対し、正式に「開発継続の断念」の意思を電話で伝えた。

伊賀の決断で非接触ＩＣカードの開発プロジェクトは、ソニー社内からその姿を消すことになった。

伊賀にとって、自ら手がけた無線ＩＣタグの開発から始まった開発プロジェクトを終わらせることは断腸の思いだったろう。

他方、伊賀の決断を知った開発リーダーの日下部進の思いは、少し違った。

「たしかに本体の事業部は、非接触ＩＣカードのビジネスを止めるという結論を出していました。私も当時は伊賀さんの直下で課長を務め、二人の部下とワイヤレスＬＡＮの開発など他のことにも携わっていました。でも（開発現場の）自分たちはどうしようかな、ＪＲとの話はどうしようかなという話をしていたレベルなんです。つまり、研究開発の現場では、本気で止めますというレベルにはなっていなかったんです。立場上、何らかの決断を伊賀さんは下さなければならなかったのでしょうが、研究所でも伊賀さんはけっこうドライなほうで、そんなんだったら止めてしまってもいいかなという感じでした。でも私は、なんとなく止めるのはもったいないないなと思っていたんです」

さらに、こうも言う。

「止めるとか止めないとか言う前に、他の開発予算の一部を（非接触ＩＣカードの）研究開発費へ回して何とか継続していましたが、その予算をなかなか貰えなくなったことが一番の問題でした。伊賀さんにすれば、予算もないのだから正式に止めてしまうか、アンダーグラウンドで（ＪＲと）ちょこちょこと付き合うことで（開発を）引き延ばしていくかのどちらか（を判断すること）だったと思います。私は正式に止めなくても、ＪＲのペースも遅かったので、開発費用を何とか捻出しつつ、人手は部下を回しながら続けていけばいいと考えていました。そういうやり方だったら、内部の予算を回していけば何とか続けられるのではないかと思っていましたので、ＪＲとの関係を正式に切ってしまわなくてもいいのではないかという感覚がありました」

日下部が「もったいない」と思った理由のひとつに、開発それ自体は順調に進み、フィルム上で印刷しながらＩＣカードにしてしまうという方法で、電池式の非接触ＩＣカードの製造装置まで作り上げていたことがあった。つまり、ＪＲからの購入は期待できないとしても、どこかに売り込めないか、どうしたら販売先を見つけられるかなどと考えていた矢先の伊賀の開発中止の判断だったというのである。

## 「大賀天皇」の鶴の一声

いずれにしても、ソニー社内から非接触ＩＣカードの開発プロジェクトが消えたことによって、本来なら「フェリカ」は誕生するはずはなかった。ところが、意外なところからプロジェクト復活のチャンスが訪れる。

一九九二年十月、品川のソニー本社で、事業の見直しや各事業部の今後の方針を吟味する経営会議が開かれた。取締役を始め各事業部長が出席し、社長の大賀典雄の前で担当する事業部の業績やその見直しを含めた方針を説明し、了解をもらうためである。

当時はソニーの業績が芳しくない頃で、各事業部の説明は、いきおい事業の縮小の提案が多くなっていた。いまでいう「集中と選択」で業績回復の見通しの立たない事業や将来性が見込めないプロジェクトは中止して、多くの利益が見込める事業に（投資を）集中して取り組むというわけである。経営会議では、各事業部長や担当役員たちから異口同音に事業の見直しが繰り返し説明された。

日下部が戻る予定だったカメラ事業本部でも、担当役員が「選択」（中止の意味）する事業を挙げ、新しい事業への取り組み説明をしていた。そのとき、社長の大賀は提出された資料の中で入退室管理システムが「選択」の項目に入っていることに気付き、担当役員の説明を遮ると、こう叱責した。

「あなたのところは、なんでもかんでも止める、止めるという話ばっかりじゃないか。そんな事で、いったいどうするんだ。（中止を決めた）入退室管理システムの技術はとくに、将来性があるものなのだから、二年足らずで撤退を決めるとは、どういうことだ。こういうものこそ将来の可能性があるのだから、続けないでどうするんだ。根本的な問題があるのだったら、まずそれをちゃんと見直すことから始めなさい」

そう言うと、大賀は技術担当役員（専務）だった森尾稔を見ながら、

「そもそもこの技術を開発したのは、誰なんだ。森尾君、何とかしなさい」

と釘を刺したのだった。

「大賀天皇」と呼ばれ畏怖された当時、大賀は絶対的な権力者だった。その大賀の「鶴の一声」で状況は一変する。リーダーの電波干渉が明らかになって以降、入退室管理システムやＩＤカード、つまり非接触ＩＣカードのプロジェクトを邪魔者扱いしてきた社内の雰囲気が、明らかに違ってきたのである。

大賀発言から間もなく、伊賀章は森尾の部屋に呼ばれた。

伊賀が部屋に入ると、森尾はいつものぶっきらぼうな口調でこう言った。

「（入退室管理システムを）開発したのはお前なんだから、お前が責任を持ってやれよ。とにかく、他のことはいいから、命がけでやれ」

そして「まあ、命綱だけは付けておいてやるから」と笑った。

森尾は失敗に終わったとしても、伊賀だけに責任をとらせるようなことはしないとお墨付きを与えたのである。

他方、伊賀は「これは、もうやるしかない」と思ったという。

大賀発言以降、社内の動きも活発になった。

本社のR&D（研究開発）部隊や戦略部隊が、日下部ら関係者にヒアリングを始めたのである。ヒアリングとはいえ、尋ねるほうも答えるほうもエンジニアである。聞きたいポイントと答えたいポイントは同じである。要するに、非接触ICカード技術を完成させることは出来るのか、具体的にいえば、リーダーの干渉問題を本当に解決できるのか、事業化できるのかということである。

日下部の回想――。

「互いにエンジニアですから、やろうと思えば出来るはずだよねという話をしました。だったら、やってみたらということでやり始めたわけです。いくら大賀さんが言ったからといって、現場が無理ですと言えば、さすがに（プロジェクトが）再開されたかどうかは分かりません。伊賀さんも私も、やれば出来るんじゃないのというのがあって、やり始めたんです。それに研究所の人間はみんな楽観的で、出来そうだと思ったら、やってみるという人間ばかりでした。そうでなければ、研究所勤務は務まらないと思います」

リーダーの電波干渉問題に関しては、その頃には日下部は複数の解決法を見つけていた。

それに干渉によるトラブルは、入退室管理システムだけでなく鉄道の出改札システムでも起きていた。改札機は並べて置いてあるので、リーダーが干渉し合うことは事前に分かっていたことだが、運用実験ではＪＲの構内で使われている車両を管理する無線がリーダーに干渉し、改札機がうまく稼働しない事態も起きていたのである。

いずれにしても干渉問題の解決は、非接触ＩＣカードを事業化するうえで避けては通れなかった。逆にリーダーの干渉問題を解決できれば、ビジネスチャンスが大きく広がることは誰の目にも明らかだった。

## フェリカ・プロジェクトの始動

入退室管理システムの案件は事業部から研究所に差し戻され、改めて非接触ＩＣカードの研究開発メンバーが集められることになった。

技術的な問題はクリアできると宣言した以上は、技術開発だけでなく事業化を目指した再開準備が不可欠であった。そのためには、販売先も視野に入れたチーム作りをしなければならない。そこで伊賀たちは、企画部の人間を含めたメンバーを正式に集め始めるのだ。

伊賀は研究所から事業部に移っていた元メンバーを呼び戻すとともに、開発に必要なエンジニアを改めて確保し、十名ほどのプロジェクトチームを再結成した。さらにプロジェクトの予算として、財務担当役員の伊庭保が年間数億円を付けた。伊賀や日下部にとって、初めての予算獲得である。

それまでは、予算外、他の開発予算などから開発費をひねり出し、微々たる額で細々と続けていたのが実情であった。その頃と比べると、数億円とはいえ、五倍、いや十倍以上の予算規模であった。

日下部の回想――。

「予算が付いた、会社が認めたという意味では、この時に（非接触ＩＣカード開発の）プロジェクトが正式にスタートしたと言えます。そしてこの時に集められたメンバーで構成されたプロジェクトチームが、フェリカのオリジナル部隊なんです」

日下部の認識では、いったん消滅したプロジェクトが再開したというよりも、やっと非接触ＩＣカード開発の正式なプロジェクトがスタートしたというものだった。あくまでもいったん消滅したのは、入退室管理システムのビジネスであり、それを開発していたチームなのである。

以後、大賀（トップ）―伊庭（予算）―森尾（技術）のラインで、フェリカのプロジェクトはサポートされていくことになる。

さらに、伊賀や日下部ら研究開発チームに追い風が吹く。

ＪＲ東日本が、ソニー方式を他のメーカー二社が開発した非接触ＩＣカードよりも評価し、将来の採用に前向きになったことである。

前掲誌『ＪＲ東日本テクニカルレビュー』はこう伝えている。

《一九八八年から八九年にかけて、これらのメーカー（非接触ＩＣカードを開発していた三社、筆者註）からＩＣカードの試作品が提供されるようになり、これらのカードを使用して三木達は基礎的な研究を行いました。カードとリーダーライター（読み書き装置：以下Ｒ／Ｗ）との間でのデータの読み取りや書き込みが目標時間内に正確性をもって伝送可能かどうかの試験が繰り返され、カードやシステムに改良が加えられていきました》

《そして、一九九二年、それまでに改善を重ねられてきた3社のカードが期待される仕様のレベルに近づいたと考えられたため、3社のカードの評価を行うこととしました。その結果、必要とされる機能の面からは3社それぞれ優劣はつけがたいものの、データを伝送するために、ある周波数の電波を発生させる発振回路を、A社、B社の方式ではカード自体に設けなければならないのに対し、C社の方式ではR／Wの方に設置すればよく、システム全体のコストダウンが見込めることから、C社の方式に優位性が認められる、との結論にいたり、その後はこのシステムをベースにして開発を続けていくこととしました》（傍点、筆者）

C社がソニーを指していることは、伊賀のアイデアであるリーダーの発する電波を反射させて非接触ＩＣカードからデータを送る、いわゆる「反射型送信装置」を評価していることから歴然としている。ＪＲ東日本は、共同開発を断られたとはいえ、非接触ＩＣカードによる電子乗車券化をソニー方式に絞ったのである。

とはいえ、このことがすぐに採用される、つまりソニーにとってすぐにビジネスになるわけではなかった。磁気式出改札システムが稼働している時点では、その切り替え時期を狙うにしても近い将来ではなかったからだ。それでも社内的には、将来の顧客として大手企業、ＪＲが控えていることは伊賀ら開発チームにとってマイナスではなかった。

一方、日下部ら新しい開発チームがまず取り組まなければならなかったのは、干渉問題の解決である。大賀の指示は、あくまでも入退室管理システムが持つ電波の干渉問題の解決と、その後のビジネスの可能性を探ることにあったからだ。それを踏まえたうえで、次のステップが伊賀たちに与えられていたのである。

入退室管理システムで生じた電波の干渉をなくすには、まず考えられることは使っていた周波数の帯域を一挙に増やすことである。当初、六〇チャンネルだったものを五〇〇チャンネル以上にしてリーダーに割り当てれば、干渉の可能性はかなり低くなる。しかしこの方法は、本質的な解決にはならない。幕張のように高層ビルが限られた地区に密集して建てられた場合、それに伴い限りなく帯域数を増やしていくしかないからだ。

次に考えられるのは、電波の到達距離を短くすることである。

入退室管理システムでは、鉄道総研が提示した条件——カードとリーダー間の到達距離が三〇センチメートル以内であることを守っていた。それを短くすれば、電波干渉はかなりなくなる。しかし短くすれば、入退室管理システムの「売り」のひとつである「ポケットにカードを入れておけば、ドアが自動的に開く」は、不可能になる。つまり、電子乗車券とIDカードの両方の用途を狙って開発したチップが使えなくなるのだ。

そうすると、用途を拡大することで非接触ICカードの受注を増やすという伊賀のアイデアは、元の木阿弥である。それでも事業化という目的を優先させるなら、二者択一しかない。入退室管理システムを諦め、出改札システムに事業化を絞れば、従来の二・四ギガヘルツから三二メガヘルツの帯域の微弱電波に変えて、到達距離を二〇センチ以内に短縮できる。

だが、この選択ではJR東日本からの受注は当分見込めないから、新たな販売先を見つけなければならない。技術的な問題の解決には自信があったものの、そもそもエンジニアの伊賀にも日下部にも販路開拓に必要なノウハウもツテも何もなかった。

## 命運を賭けた海外案件

そんなとき、三菱商事から朗報が伝えられる。

「香港では、現在の出改札システムに代わって、非接触ICカードを使った自動改札に切り替える計画があります。この入札にソニーさんも参加しませんか」

JR東日本に代わる受注先が突然、伊賀たちの前に現れたのだった。

伊賀の回想――。

「三菱商事は、とくにソニーだけに声をかけたということではありません。三菱商事は鉄道総研での非接触ＩＣカードの研究を知っていましたから、ＪＲ東日本に移っていた三木さんに最初に話を持っていったと聞いています。そこで、三木さんのほうからそのようなプロジェクトを落とすには、日本ではこのような企業がどのようなことをしているかといった情報を提供されて、それに基づいて三菱商事がソニーにも声をかけてきたのだと思います。そこから、みんな集まって何とか香港のプロジェクトを入札できないか考えてみましょうという話だったと思います」

他方、日下部は三菱商事からの話について、こう語る。

「もともと香港の案件を取りに行くという話は、主体者がＪＲ東日本だったんです。それも『日本連合』という形で取りに行こうとしていたんです。改札機は東芝、システムはＪＲ東日本情報システム、非接触ＩＣカードはソニーという具合に全部を組み合わせて、それを三菱商事がコーディネイトして入札を取りに行くという話だったんです。ＪＲ東日本も積極的に動きましたが、もっとも熱心だったのは三菱商事でした」

東芝はＪＲ東日本の磁気式改札機の製造メーカーで、そのシステムを担当したのがＪＲ東日本情報システムだった。ある意味では、ＪＲ東日本のプロジェクトとも言えないことはない。

日本連合では、香港のシステム全体を取っていこうと何回も話し合いを行ったが、ソニーの非接触ＩＣカードは完成しておらず、相手の希望するレベルのものを作れるのか、作れたとしても入札に間に合うかどうかも分からなかった。また、日本連合が試算するシステム全体の価格も、海外勢のそれと比較するとヒト桁も違うことが分かってきた。改札機一台とってみても、海外が百万円とすれば、日本連合では一千万円というぐらいの開きがあった。

日下部の回想――。

「ただ、みんな海外の案件を取りに行くという経験があまりなかったものですから、JR東日本情報システムなんかは（日本連合から）降りてしまうわけです。三木さんとしては最後までやって欲しかったと思います。東芝は『JRさんがやるならうちもやります』という態度でしたから、東芝も降りたわけです」

日本連合は瓦解し、三菱商事とソニーの二社が取り残される形になった。そこで三菱商事は方向転換し、ソニーに対し「カードだけでも取りに行きましょう。うちが取り扱って売り込めるようにしたいんですが、どうでしょうか」とダイレクトに申し込んできたのだった。

日下部によれば、ここで彼らも腹を括ったという。

「IDカードのビジネスは市場が小さいので、干渉問題を解決したとしてもビジネスとしては面白くないと考え、ここで本格的に交通一本（電子乗車券）に絞ったんです。もし香港の案件が取れなかったら、もうこのプロジェクトは止めるべきだという判断を伊賀さんはされたんです。私も同じ意見でした。だから、本気でカードを取りに行ったんです。失敗したら、今度こそ、もうプロジェクトは絶対にダメになるだろうなと思いました」

無線ＩＣタグから始まった非接触ＩＣカードの研究開発は、まさに転換点を迎えていたのである。伊賀と日下部は、非接触ＩＣカード・プロジェクトの存亡を賭けて勝負に打って出たのだった。

# 第3章　香港プロジェクト

一九九二年末、香港の主要公共交通機関が非接触ICカード専用の自動出改札システムへの切り替えを決定し、そのシステムの競争入札を二年後に行うという情報がソニーにもたらされる。それから間もなく、日下部進のもとに三菱商事から分厚い三冊のA4ファイルが持ち込まれた。

それらは、香港地下鉄公社（MTR）や九広鉄道公社（KCR）など公共交通機関六社による共同出資で設立された新しい出改札システムの運営会社「クリエイティブ・スター」が作成した希望する非接触ICカードの仕様一覧だった。

さっそく日下部は、三冊のファイルに目を通したものの、それまでとは違うドキュメント（仕様書）に意外な印象を抱いた。

「クリエイティブ・スターはハードウエア（製品）のスペック（仕様）を要求項目に書いてきたわけじゃなくて、アプリケーション（サービス）を要求項目に書いてきていたんです。例えば、一枚の非接触ICカードで六社七サービスの運用ができることとか、どのようなアプリケーションを使う予定かという内容が全て書かれていて、最終的に電子マネーとして使うというところまでがスコープに入っていたんです。だから、それに見合うようなカードを作って欲しいという要求でした」

従来のような「製品ありき」から利用を考えるのではなく、まず「アプリケーション・ソフト（アプリ）ありき」で始まるハードの開発が求められていたのである。さらにその仕様書には、ユーザーの利便性を考慮して、電池を内蔵しないクレジットカードと同じ大きさの非接触ICカードが望ましいことも付け加えられていた。

提供するサービスやどのような使い方をするのかが明確なため、ある意味、非常に分かり易い仕様書であった。逆に言うなら、実際の技術水準が考慮されていないぶん、技術的な難易度は高まらざるを得なかった。

それまで日下部たちが開発してきた非接触ICカードは、電子乗車券にしろ入退室管理システム用のIDカードにしろ、単一の用途を想定したものであった。そのため「書き込み」機能にしても、出改札の記録を同期できれば良かった。いわば、アンテナとダイオード検波（整流作用の有無を検出する機能）を付けたSRAM（半導体メモリの一種、記憶素子）に過ぎなかった。

ところが、クリエイティブ・スターの求める多様なサービスに対応しようとすれば、そのICカードを小さなコンピュータにするしかなかった。コンピュータ本体は、大まかに言えば、CPU（中央演算処理装置）と、半導体メモリやハードディスク（記憶媒体）、OS（基本ソフト）の三つで構成されている。

ここでパーソナルコンピュータ（パソコン）を例にとって、考えてみよう。

ＣＰＵは人間の頭脳にあたるもので、その核となるのがインテル社の「ＣＯＲＥ（コア）」プロセッサ・シリーズなど論理回路を担当する半導体（ＬＳＩ）である。ＯＳはワープロやメール、動画編集などアプリをコントロールする役割を持つもので、おおむねマイクロソフト社の「Ｗｉｎｄｏｗｓ（ウインドウズ）」シリーズが使われている。

つまり、六社七サービスや電子マネーなどの複数のアプリを動かすためには、専用のＯＳと高い処理能力を持つＣＰＵの二つは欠かせなかった。しかし当時、非接触ＩＣカード用のＯＳとＣＰＵ（ＩＣやＬＳＩ）を開発しているメーカーは、どこにも存在していなかった。もしクリエイティブ・スターの求めに応じようとするなら、日下部たちは自らの手でこの二つを開発するしかなかった。

約二年間の時間的余裕があるとはいえ、鉄道総研の三木彬生らと共同開発していた非接触ＩＣカードと比べて技術的な難易度ははるかに高く、とても「二年間もある」と考えられるような状況ではなかった。

## 入札への手応え

年明け早々の一九九三年一月、日下部進は突然、国分寺にあった鉄道総合技術研究所にただちに出向くように言われる。クリエイティブ・スターの技術幹部が、ＩＣカードの研究開発状況の説明を受けるため来日し、その日に鉄道総研を訪れることになっているというのだ。そのさい、ミーティングが開かれるので日下部も出席して、発注先であるクリエイティブ・スターの幹部と面識を持つことを求められたのである。

事情を理解した日下部は「今日の普段着の格好では（会うには）まずい」と思い、あわてて川崎の自宅に立ち寄りスーツに着替えてから、ＪＲ線を乗り継いで最寄り駅の国立に急行したのだった。鉄道総研では、三木らがクリエイティブ・スターの技術幹部に対し、それまでのＩＣカードの研究開発の状況を説明した。さらに三木は、ソニーが開発している非接触ＩＣカードがどのようなものなのかも、加えて話をしてくれたのだった。

ミーティングは、一時間ほどで終わった。

日下部もミーティングの席で、改めてソニーが開発している非接触ＩＣカードの説明を行い、クリエイティブ・スターの技術幹部と名刺交換をした。名刺には「ブライアン・チェンバース」とあった。のちにＣＴＯ（最高技術責任者）に就任する、技術幹部の中でもトップクラスの重要人物である。

ミーティングには、三菱商事の担当者が通訳を兼ねて同席していた。聞けば、今回のチェンバースの来日を含むすべてのアレンジは、三菱商事が行ったものだった。香港案件の受注に対する三菱商事側の熱意が、日下部にも伝わってきた。このとき、日下部は初めて三菱商事の人間と会った。

日下部の回想――。

「チェンバースを囲んでのミーティングは一時間ほどでしたから、それほど深い情報交換が出来たわけではありません。メリットは、とにかくソニーのデモを見せることが出来たことです。鉄道総研では、それまでどのようなテストを行ってきたかなどの情報交換が出来たことでしょうか」

チェンバースが離日してからしばらく経ったころ、日下部のもとへ海外から頻繁にＦＡＸが送られてくるようになった。送り主は、いずれも出改札システムを扱うメーカーやシステムインテグレーターだった。そして判で押したように、日下部たちが開発している非接触ＩＣカードの仕様などの資料送付を求めていた。

日下部には、どの送り主にも見覚えがなかった。いったい全体、どうして彼らは自分たちが非接触ＩＣカードを開発していることを知っているのか、いやなぜ開発責任者である自分の名前を知っているのか――日下部には、訳が分からなかった。ただただ、困惑するばかりだった。

理由も分からず、とりあえず海外からの要望に対応していると、ある情報が日下部にもたらされた。それは、チェンバースがソニーの非接触ＩＣカードを海外の出改札システムを扱うメーカーやシステムインテグレーターに紹介したり、日下部の名刺を見せているというものだった。それはソニーの非接触ＩＣカードを評価し、香港の新しい自動出改札システムで採用する非接触ＩＣカードの入札候補に挙げられるまでになっていることを意味した。

鉄道総研でのミーティングで、日下部がチェンバースと面識を得たことは大成功だったのだ。チェンバースは開発責任者である日下部から直接話を聞くことで、ソニーの非接触ＩＣカードの信頼性と将来性に手応えを感じたのであろう。それは同時に、エンジニアとしての日下部に対する高い評価でもあった。

## ＪＲ東日本の思惑

クリエイティブ・スターから日下部のもとに技術関係のミーティングを行いたいのでエンジニアを送って欲しいという連絡が届いたのは、一九九三年二月のことである。さっそく日下部は、二名の部下を香港へ派遣した。

そのころ、プロジェクトの責任者である伊賀章は、非接触ＩＣカードの開発とそのビジネスの検討を始めていた。ソニー社長だった大賀典雄の鶴の一声で、消滅したはずの非接触ＩＣカードの開発プロジェクトは蘇ったものの、それはあくまでも入退室管理システムの「見直し」とその後の検討が目的であって、その結論――それらの検討を踏まえて、今後プロジェクトをどうするかという結論を伊賀は出さなければならなかった。

入退室管理システムよりも大きな市場、ＪＲ東日本の自動出改札システムを狙ったものの、ひと足早く磁気式が採用されたため、非接触ＩＣカードの採用は当分の間見込みはなかった。そこで香港に目を向けたのだが、クリエイティブ・スターが求める仕様を実現するには、さらなる開発体制の充実が求められた。

伊賀と日下部は、とにかく香港案件の受注を目指すことにした。

七月、情報通信研究所内に「カードシステム事業開発部」が新たに設立される。それにともない、開発メンバー（カードリーダー開発十二名、カード製造開発五名）を含め人員はプロジェクト再開時の十名から二十七名にまで増員された。

香港案件受注に向けて伊賀や日下部たちソニーの開発チームが積極的に動き出した矢先に、三菱商事を窓口とする「全日本」チームの解体という勢いを削がれる事態が生じていたのである。

日下部の回想――。

「三木さんたち（JR東日本の開発チーム）は、JR東日本としては（日本連合から降りた以上は）このプロジェクトには正式に参加できないけれど、いろんなバックアップをしたい、例えばソニーが入札用の非接触ICカードを完成させたら、香港に持ち込む前にJRのほうでフィールド実験をやってあげますよという立場でした」

日本連合の結成やフィールド実験の申し入れなど、三木のソニーに対する気遣いは異例と言っていい。そこまで三木らがソニーに肩入れするのは、もちろんJR東日本のためでもある。たしかに非接触ICカードによる自動出改札システムの導入は見送られ、磁気式が採用されたとはいえ、JR東日本が断念したわけではなかった。出改札システムの入れ替え時期にあたる二〇〇〇年頃まで、非接触ICカードを完成させれば、磁気式に取って代わる可能性があった。

それには、日下部たちが開発している非接触ICカードは必要不可欠であった。非接触ICカードはソニー以外にも二社が開発していたが、JR東日本が要求する水準に一番近いのはソニー製だったからだ。もっと言うなら、三木にすれば、もし香港案件の受注に失敗して、伊賀・日下部らソニーの開発チームが再び解散の危機に陥ることなどあってはならないことだった。ソニーが香港案件を受注すれば、ＪＲ東日本にとっても非接触ＩＣカード専用の出改札システム導入までの道筋が見えてくるからだ。

三木は、当時の気持をのちにこう語っている。

「もし（ソニーの非接触ＩＣカードが）香港に入ったら、もうソニーは逃げられないだろうと、もう（非接触ＩＣカードの開発を）止めるとは言わないだろうと（思いました）」（ＮＨＫ「プロジェクトＸ　執念のＩＣカード　十六年目の逆転劇」、二〇〇五年十一月一日）

## 伏兵の登場

香港の交通システムの競争入札で、有力な改札システム事業者は米国の「キュービック・トランスポーテーション・システム」（キュービック社）と、豪州の「ＥＲＧトランシット・システム」（ＥＲＧ社）の二社だった。

とくにキュービック社は、当時使われていた香港の地下鉄や鉄道の交通システムの開発業者で、その実績から受注間違いなしと見られていた。それに加えて既存のシステムを改造するわけだから、その開発業者でなければ、新しい自動出改札システムに切り替えるのは難しいだろうと日下部たちは考えていた。

そのため、香港案件のパートナーである三菱商事は、早い時期からキュービック社に接触を図っていた。一九九三年十二月には、伊賀章も三菱商事の担当者とともにキュービック社の本社を訪ねるようになっていた。翌九四年一月には、日下部も伊賀の指示でキュービック社を訪ね、開発中の非接触ICカードの売り込みを行っている。

しかし肝心のキュービック社の反応は、いまひとつだった。

交渉に当たった伊賀は、こう振り返る。

「じつは、キュービック社は自前のカードを持っていたんです。クリエイティブ・スターはクレジットカードサイズのものを求めていましたが、かなり分厚いものでした。キュービック社は、クリエイティブ・スターにはクレジットサイズに出来ると言っていたようでしたが、実際にはモノは出来ていませんでした。そういうこともあって、私たちも必死に売り込んだのですが、どうも使ってもらえそうにもないなという印象でした。当然、キュービック社は、私たちに色よい返事はくれませんでした」

他方、三菱商事では、キュービック社が本命だとしても万が一のことを考えて、ERG社にも接触し、良好な関係を築く努力をしていた。二股をかけた形だが、伊賀にすれば、香港の交通システムの非接触ICカードにソニー製が採用されることが肝要であって、交通システムの受注業者がキュービック社であれERG社であれ、それらは二次的な問題に過ぎなかった。

三菱商事の担当者と伊賀は、ERG社に対してもソニーのカードを採用するように口説くとともに、クリエイティブ・スターに対しては、受注した改札システム業者に非接触ICカードにはソニー製を使うよう推奨するように交渉を続けていた。そのため、両社からソニーの製造工場見学の要請があった時には、わざわざ長野の工場にまで案内することも厭わなかった。しかし実際問題としては、当時の両社が置かれた状況からして、伊賀たちの熱意がＥＲＧ社よりもキュービック社への交渉に大いに向けられるのはやむを得なかった。

非接触ＩＣカードの受注を目指す伊賀たちの動きが活発になると、開発チーム内から「自分たちが開発しているカードに名前を付けたい」という声が出始めた。そこで二月、開発チームの企画担当の木村美和子がソニーの保有する商標のストックから「ＦＥＬＩＣＡ（フェリシア）」という名称を見つけてきて、最終的にその採用が決まる。こうして、日下部たちが開発してきた非接触ＩＣカードに「ＦｅｌｉＣａ（フェリカ）」という名称が付けられるのである。

三月に入ると、伊賀や日下部のもとに意外な一報がもたらされる。それは、香港の交通システムの受注者に本命のキュービック社ではなく、ＥＲＧ社が内定したというものだった。さっそく伊賀は、三菱商事の担当者とともに交渉相手をキュービック社からＥＲＧ社へ方向転換し、ＥＲＧ社との交渉を本格化させたのだった。

伊賀は三菱商事の担当者とともに、何度もＥＲＧ社のオフィスがあるオーストラリアのパースに出向いては交渉を続けた。しかしＥＲＧ社の反応は、はかばかしいものではなかった。その大きな原因のひとつは、強力なライバルの存在にあった。

ＥＲＧ社に非接触ＩＣカードを売り込んでいたのは、ソニーだけではなかった。オーストリアのミクロン社もまた、独自の非接触ＩＣカード「ＭＩＦＡＲＥ（マイフェア）」を採用するようにＥＲＧ社に熱心に働きかけていたのだった。しかもマイフェアは、電池内蔵タイプではなかった。発注元のクリエイティブ・スターの態度は電池内蔵タイプでかまわないが、出来れば電池を必要としないタイプが「好ましい」というものであった。とはいえ、現実に電池を内蔵しない非接触ICカードを開発した会社が現れれば、クリエイティブ・スターとERG社が、ミクロン社のマイフェアの採用に大きく傾くのはやむを得なかった。

ミクロン社は中国系エンジニアがオーストリアに設立したベンチャー企業で、無線タグの開発から始まった半導体（ICチップ）のファブレス（工場を持たない）メーカーである。そのためカード製造会社と提携して、欧州を中心にカードビジネスを展開していた。その後、オランダの多国籍企業フィリップスに買収され、フィリップスの一半導体部門になっている。

ちなみに日本では、タバコの自動販売機の年齢認証に使われている非接触ICカード「TASPO（タスポ）」が、マイフェアである。

## 土壇場での仕様変更

交渉の席にはERG社から香港の交通システムの総責任者と技術担当のマネージャーが出席し、伊賀章と三菱商事の担当者がフェリカの非接触ICカードとしての高性能さを強く訴えた。しかしERG側は、必ずと言っていいほどミクロン社のマイフェアを引き合いに出してきた。そしてマイフェア以上の能力と使い勝手の良さがなければ、フェリカは採用できないと一蹴したのだった。

さらに交渉を通じて、伊賀にはＥＲＧ社が無線（電波）にマイクロ波を使っていることに対し不安を覚えていることが分かった。当時、非接触ＩＣカードの無線には多くのメーカーが短波を使用していた。鉄道総研でも、ソニー以外の二社は短波を使っていた。ＥＲＧ社の幹部にもフェリカを使ったフィールド実験で何の問題もなかったことを説明していたが、どうやら他社が使っていないことに一抹の不安を持っているようであった。

電池を搭載しない、無線にマイクロ波を使わない――この二点に関しては、ＥＲＧ社は絶対に妥協しないだろうと伊賀は思った。ライバルのマイフェアでは、どちらも実現されているのだから、ＥＲＧ社がフェリカに固執する必要はなかった。他方、ＥＲＧ社に採用されなければ、フェリカ・プロジェクトはもう終わりだった。そのことに関しては、伊賀と日下部の考えは一致していた。

何度かの交渉を経て、伊賀章はもはや決断するしかないと思った。ＥＲＧ社と交渉に入ってから、すでに二カ月目に入っていた。香港の交通システムの入札結果が発表される六月は、もう目前に迫っていた。

「分かった。（ソニーは）マイクロ波から短波に変えるし、バッテリー（電池）も外します。これで、どうですか」

同席していた三菱商事の担当者が、思わず伊賀に声をかけてきた。

「伊賀さん、そんなことを約束しても大丈夫なんですか」

「大丈夫ですよ」

伊賀は即答した。

伊賀の突然の発言に驚いたのは、ＥＲＧ社の責任者も同じだった。

「分かった、分かった。あなたのその意気込みは、私も買います。買いますから、実物を早く作って見せにきて下さい」

ＥＲＧ社の責任者も技術担当のマネージャーも、伊賀の約束には半信半疑だった。それまでは、電池内蔵タイプで大丈夫だと言い続けてきていたし、電池なしの非接触ＩＣカードの開発もしているという話は、交渉の席では一度も伊賀の口から出なかったからだ。それゆえ、「そんなこと言っても、本当に作れるのか」という疑心暗鬼が、伊賀に対し「早く実物を作って見せろ」という発言になったのである。

伊賀の回想――。

「（フェリカ・カード採用の）決め手となったのは、バッテリーを搭載しないこと、（無線の）周波数を変えることの二点を約束したことです。しかし、帰国したその日のうちから新しい対応を始めなければなりませんでしたから、大変でした。私としては、電池を内蔵しないタイプを完成させる自信はありました。私は技術屋ですからね、どうすればいいか分かっていましたし、もし（開発チームの）みんなが出来ませんと言うのなら、最後は自分でやればいいだけの話ですから」

## スケジュールとの戦い

帰国後、伊賀章は日下部進ら開発チームのメンバーを集めた。

「（フェリカ・カードを）電池内蔵タイプから電池なしに切り替える。これまでの電池内蔵（タイプ）の開発努力が無駄になってしまうが、すぐに取りかかって欲しい。君たちには、本当に申し訳なく思っている」

しかし日下部は、伊賀の突然のフェリカ・カード仕様変更に対して「電池なしでやるということそれ自体は、驚きもしませんでしたし反対もしていません」と振り返る。

「じつは、九三年十二月かもっと早い段階で、私たち（開発チーム）自体も『電池がないほうがいいよね』という話になっていました。クリエイティブ・スターも最初は電池付きでいいよと言っていましたが、でも電池がないほうがいいよねという話もありました。当然、電池なしのほうがいいですよね。ただ、すでに電池の製造装置も作ってしまっていましたから、これもけっこうイケそうだなと思っていたんです。つまり、（開発現場では）両方を開発していたのです。ただ香港のスケジュール（システムの稼働開始時期）を考えたら、電池内蔵タイプでなければ納期の予定には間に合わないだろうと考えて作業を進めていました。だから、電池付きをメインに開発しつつ、将来的には電池なしにならざるを得ないと考えていました」

それゆえ、伊賀から電池なしへの方向転換を告げられたとき、日下部は相当厳しいスケジュールになると予想し、つい「そんなことを約束してしまって、いいんですか」と内心思ってしまったのだ。

問題は、ソニーの半導体部門に開発を依頼していたＩＣチップは電池式を前提にしたものだったため、電池を搭載しないと作動しなかったことである。電池なしのカードを作るには、全面的にやり直さなければならなかった。それはスケジュール的には「無謀な」変更、リスクが高すぎると日下部は考えたのだ。

ただ日下部にとって、救いだったのは交通システム全体の入札は九四年の六月に行われるものの、非接触ＩＣカード自体の入札は一年後だったことである。さっそく、フェリカ用ＣＰＵコアの基本設計とフェリカＯＳの開発にとりかかった。

さらに日下部は、交通システムの入札が行われる直前の六月初旬、オーストラリアのパースにＥＲＧ社を訪ねている。今後の交渉では、技術面に関して日下部が対応するケースが増えてくることを見込んで、伊賀が「顔見せ」のため日下部をＥＲＧ社に行かせたのである。こうして三菱商事とは別に、伊賀は伊賀なりにＥＲＧ社への取り組みを強化していったのだった。

日下部がパースを訪れてから間もなく、香港で非接触ＩＣカード専用の自動出改札システムの入札が行われた。内定情報通り、オーストラリアのＥＲＧ社が受注したことが正式に発表された。以後、伊賀たちは、ＥＲＧ社と頻繁に交渉を行うようになった。十月に入ると、日下部はフェリカＯＳとフェリカのＣＰＵコアの基本設計を終えていた。

そして翌九五年二月、日下部たちフェリカ開発チームは、電池を内蔵しない非接触ＩＣカードの試作にこぎつける。CPUを動かすには電流が必要だが、リーダーからの微弱な電磁波をアンテナがキャッチしたらカードの周囲に埋め込んだ向かい合う二本のコイルに電流が流れるという仕組みを作り上げ、電池要らずにしたのである。

かくして、ERG社の非接触ICカードの入札に対し、いよいよソニーとして組織的な対応が求められる段階を迎える。

伊賀章にしろ日下部進にしろ、あくまでも情報通信研究所のメンバーに過ぎない。ソニーの内部組織とはいえ、カードを製造・出荷する組織ではない情報通信研究所が、非接触ICカードを受注するわけにはいかない。なのにフェリカ・カードを担当する事業部は、当時はまだ存在していなかった。

そこで五月には、本社直轄組織の「ニュービジネスインキュベーション（NBI）」部門に「カードシステム事業室」が新設され、その事業室で受注することにしたのである。初代の室長には伊賀が就任し、研究所長と兼務する形になった。

NBIは社内のニュービジネス、海のものとも山のものともつかぬプロジェクトを集結させるとともに、その将来性とビジネスの可能性を見極めるビジネス部門だった。しかし集めるにあたって、明確な線引きがあったとは言い難かった。そのため外部の目には、とりあえず「ニュービジネス」と社内で呼んでいるプロジェクトを一カ所に集めたとしか見えなかった。なお、NBI部門の責任者は専務の川島章由だった。

## サードパーティ

カードシステム事業室設立から一カ月後、ERG社は非接触ICカードの入札を行い、ミクロン社のマイフェアではなくフェリカを選ぶ。そしてソニーに非接触ICカード（フェリカ・カード）三百万枚を発注した。

その勝因について、日下部はこう説明する。

「もともとミクロン社の存在自体を、当初は私たち開発チームは知りませんでした。分かったのは、ERG社に交渉に行くようになってからです。しかもミクロン社のマイフェアがどんなカードなのかは、まったく分からない状態でした。じつは香港からレベルの高いスペックの要求がどんどん届くようになって、これはとても出来ないなというのがいくつもありました。それで、どっかの段階で交渉に行かなければと思いながらも、とりあえず要求されるスペック全部をやらなければと思って、がむしゃらにやっていたんです。ところがそのうち、これ（スペック）はやらなくてもいい、あれもやらなくてもいいという連絡が香港から入るようになりました。あとから知ったのですが、ミクロン社が『これは無理だ』とかいろいろ言い出したため、どんどんスペックダウンしたらしいんですね。私たちは全部やらなきゃいけないと思って開発していたのに対し、ミクロン社は要求されなくなったスペックはやらなくていいと思って何もしなかったみたいです。その結果、出来上がった二つのカードに差がついてしまったというわけです」

ＥＲＧ社の入札では、日下部たちがライバル社を意識してさらに高性能な非接触ＩＣカードの開発に挑んだのではなく、最終的にミクロン社とソニーの非接触ＩＣカードの間には性能の差がついてしまっていたというのである。いわば日下部たちは香港からのスペックの要求を「絶対的なもの」と思いこんでしまい、受注するには全部やり切るしかないと決断して必死に開発した結果だったのだ。

ところで受注に際しては、ひとつ条件が付けられていた。

それは、香港の交通システムの発注元であり、運営会社であるクリエイティブ・スターから事前に通告されていたもので、「一年以内にＩＣカード（フェリカ・カード）の作り方などの技術すべてをエスクローするか、もしくはサードパーティを作るか、どちらかを実行しないと受注は無効になる」というものだった。

この場合のエスクローとは、フェリカ・カードのすべての技術情報を文書化し、第三者がその文書さえ見ればフェリカ・カードを作ることができるという認定をうけたのち封印する行為である。フェリカ・カードの製造方法を示したマニュアルを作りなさいというわけである。

もし万が一、ソニーがフェリカ事業から撤退するなどして非接触ＩＣカード専用の出改札システムの運用に支障が出るような場合には、クリエイティブ・スターがその封印を解いて、フェリカ・カードを自分たちで作ります。もしそれが嫌なら、ソニーと利害関係のない第三者（カード製造会社）にフェリカ・カードの製造を教えなさい、つまりサードパーティを作りなさいというのである。

ソニーにすれば、エスクローするなど論外であった。というのも、第三者がマニュアルさえ見れば作れると認定できる資料の範囲がどこまでなのか不明だったし、あるいは無限に資料の提供を要求されるかも知れなかったからだ。それに実際のところ、ノウハウは文書化しにくい一面を持ち、むしろ一緒に作業する中でしか伝わらないものも少なくなかった。

それゆえ、ソニーは「サードパーティ」の条件を選択するのだ。次に、どの企業をサードパーティに選ぶかという問題が浮上する。しかしその問題は、意外と簡単に解決したのだった。

日下部の回想――。

「受注した直後だったと思いますが、凸版のほうからカードの製造をやらせてもらえませんかというアプローチがあったんです。エスクローを逃れるために、カードを作る会社を選ぼうとしていた時で、いいタイミングでした。ですから、いろんな候補企業の中から選んだというのではないんです」

凸版印刷は印刷技術を生かして、一九八〇年代には磁気カードやＩＣカードの製造販売に乗り出していた。商品としてはクレジットカードやキャッシュカードの分野にも進出しており、非接触ＩＣカードの研究開発にも八〇年代後半から着手していて、凸版は印刷業だけでなくカード製造メーカーとしての「顔」も持ち始めていた。

他方、フェリカのサードパーティになった経緯については、凸版では受け止め方が少し違っている。情報コミュニケーション事業本部の山本哲久（セキュアソリューション本部長）は、こう経緯を語る。

「ソニーさんが非接触をやり始めたころ、私の先々代くらいの担当者が委員会や研究会で伊賀さんや日下部さんら何名かの方と懇意にさせてもらっていた流れの中で、『香港へ一緒に行こう』という話をいただいたと聞いています。その当時、私どもはまだＲＦＩＤ（無線ＩＣタグ、ここでは非接触ＩＣカード）を事業化するかどうか検討を始めたばかりの時で、いきなりソニーさんに担がれたような面もあるんですよ。正直なところ、何かよく分からないけど、『フェリカを作ろう』ということになったのが、私どもの（フェリカ・ビジネス）スタートのキッカケです」

## 次なるターゲット

いずれにせよ、ソニーは凸版印刷というサードパーティを得たことで、クリエイティブ・スターが突きつけた条件、エスクローから逃れることができたのである。

もともとＩＣカードの製造技術を持つ凸版印刷では、カードをラミネーション（フィルムなど異なる材料の張り合わせ）する工程は従来の技術をそのまま使えるものの、非接触（無線）のためのアンテナを含んだチップ（ＬＳＩ）の部分、つまりインレットの製造装置を自社で開発するまでには至っていなかった。

そこで日下部は、ソニーが開発した製造装置を購入してもらうとともに、インレットを作るために柔らかいシリコンのゴムでＩＣを覆うことでカードの中に封印する仕方を教えたのだった。これによって、カードを曲げてもシリコンがクッションになってチップが割れないようにしたのである。

これには後日談があって、たしかにチップが割れることは防げたものの、その構造ゆえに衝撃に弱いという弱点を抱えることになってしまう。カードを硬いもので突いたりすると、容易に割れたのだ。

やむなく日下部は、柔らかいシリコンで封印する部分を固いエポキシで固定し、両面からステンレスの薄い壁で挟むというサンドイッチ構造にした。これによってカードは曲がらなくなったが、ステンレスの板が壁となって衝撃に強くなったのである。

このような作業によってフェリカ・カードの製造方法を教えることで、ソニーは凸版印刷をサードパーティの会社にしたのだった。

一九九七年一月、ソニーの豊科事業所（長野県）で香港向けのフェリカ・カードの製造がスタートした（その後、製造工場は宮城県の豊里事業所に移る）。月産五十万枚。受注した香港の非接触ICカードは三百万枚だから、半年で生産は終わる。

フェリカ・プロジェクトの責任者だった伊賀章の回想――。

「月産五十万枚から六十万枚ぐらいの設備投資でも十億円を超えるんです。なんとか頑張って一枚二百円で売っても六億円ですし、三百円でも九億円です。売上高が設備投資額よりも少ないんですから、三百万枚売って『はい、終わりです』とはいきません。香港の成功で後に続くところが出てくることを期待しました。ここまで来たなら、なんとかJRの案件をとらなければという気持でしたね。その時点では、まだJRは決めていませんでしたから、とにかく非接触ICカードを導入してもらわなければ困るという思いでした」

かくして次のターゲットは、二〇〇〇年に磁気式カード用の出改札システムが更新時期を迎えるJR東日本に決まった。

その年の九月、香港では初めて非接触ＩＣカード技術「フェリカ」を用いた自動出改札システムの運用が始まる。フェリカ・カードは「八達通」と名付けられた。これは「四通八達」（四方八方に通じる）の四文字熟語からとっており、「どこでも使えるカード」という意味が込められていた。

なお「八達」を八本足のタコに喩えて、カードの英語名は「オクトパス・カード」になった。それにともない、運用会社「クリエイティブ・スター」も、オクトパス・カード社に社名変更した。

香港では「オクトパス・カード一枚あれば、どこでも使える」便利さを、利用者が享受できるようにする努力を怠らなかった。地下鉄や鉄道、バス、フェリーなどの公共交通機関以外にも、キオスクや公衆電話、駐車場、自動販売機、コンビニのセブン‐イレブン、博物館などの公共施設にも広げていき、二〇一〇年当時は五百社を超える事業団体がサービスを提供していた。

またオクトパス・カード普及のため、カードを利用した場合には地下鉄料金を一割程度値引きするなど、使うメリットを増やす工夫も欠かさなかった。

その結果、運用開始以降、オクトパス・カードは毎日一万枚以上売れ続け、三カ月弱で売上枚数は二百二十万枚を突破した。すぐにソニーには、百万枚の追加注文が出された。そして十年後には、オクトパス・カードは人口約七百万人の香港で一千四百万枚以上が発行され、一日あたりの利用数は一千万回を超えるまでになっている。ちなみに、最近は子供に現金で小遣いを与えるのではなく、一定金額を課金したオクトパス・カードを渡す家庭が増えている。

## 国際規格への道

他方、ＪＲ東日本もオクトパス・カードの運用が始まると、多くの関係者を視察のため香港へ送り込むようになった。二〇〇〇年十一月には、伊賀はＪＲ東日本の三木彬生と連れだって、オクトパス・カードの地下鉄での利用状況を視察するため出向いている。

伊賀の回想――。

「ＪＲ側が香港へ人を出してよく見に行かせていたのは、フェリカ（オクトパス・カード）がちゃんと機能しているかどうかを確かめるためです。三木さんがよく言っていたのは、ちゃんと稼働していることを確かめると同時に、このシステムがいかに優れているかを現場の人に見せて、香港で見てきたことを上層部に上げたいと。さらには、上層部の人にも香港へ見に行って欲しいとも。だから、ＪＲ（東日本）の副社長はたしか見に行ったと思いますよ」

香港では非接触ＩＣカードによる自動出改札システムが何の問題もなく稼働する風景とともに、伊賀と三木の二人は予想した以上に香港市民がオクトパス・カードをうまく使っている姿を目にすることになった。例えば、オクトパス・カードをバッグに入れたまま、読み取り機の面に置くだけで改札を通過する光景も珍しくなかった。

「かざす」で始めた非接触ＩＣカードは、香港では当初の使用法にこだわることなく現実的な利便性を優先させて「接触」（タッチ）という形で使われていたのだった。もちろん、オクトパス社自らも、

「かざす」のではなく読み取り機の面にカードを接触させるように宣伝していた。

伊賀も三木も、非接触ICカードによる自動出改札システムの成功を確信した。二人と同じような思いは、他のJR関係者も抱いたであろう事は想像するに難くない。しかもJR東日本は、ソニーのフェリカ・カードを本命視していた。

だからと言って、たとえJR東日本が非接触ICカード専用の自動出改札システムの導入を決定したとしても、そのことが即、フェリカ・カードによる受注に繋がるというものではなかった。というのも、国もしくは国に準ずる機関が一〇万ドル以上の調達をかける時には、国際規格があるものはそれを優先的に使いなさいというルール（WTO／TBT協定）があったからである。JR東日本は二〇〇〇年当時、「国に準ずる機関」に相当していた。

JR東日本を始めJR各社は一九八七年四月に国鉄の分割民営化によって発足したものの、当初は国鉄から移行した「日本国有鉄道清算事業団」が全株式を保有する「特殊会社」であった。その後順次、保有株式は民間へ売却されていくが、JR東日本が完全民営化を果たすのは、出改札システムの更新期から二年後の二〇〇二年六月のことである。

それゆえ、JR東日本が非接触ICカードの採用を決めた時は、国際競争入札を実施しなければならなかった。その国際入札に参加し、かつ受注を勝ち取るにはフェリカが国際規格であることは必須条件であった。

なお、香港の場合は運営会社に出資した六社がいずれも民間企業だったので、採用する非接触IC

カードが国際規格であることは必要ではなかった。それに当時、国際規格の非接触ICカードはまだ存在していなかった。フェリカだけでなく香港で受注を争ったマイフェアも国際規格ではなかった。

国際規格は、ISO（国際標準化機構、本部・スイス）で決められていた。ISOは、電気分野を除く工業分野の世界標準、つまり国際規格を策定する民間の非政府組織である。そして実際の標準化の策定は「技術委員会」のもとで行われていた。なお日本の当該機関も、ISOに参加している。

国際規格に認定されるためには、技術が優秀なことも重要だが、すでに多くの国と地域で利用されているという「既成事実」も有効だった。その意味では、香港一件だけでなく他の国か地域でもフェリカが採用されていたなら、国際規格に認定されるうえでかなり優位になることは明らかだった。

その頃、三菱商事はシンガポールの交通機関に非接触ICカードによる自動出改札システムの導入計画があることをソニーに伝えてきている。それを受け、ソニーでは三菱商事を窓口に一九九八年六月に行われたシンガポール公共交通機関（LTA）の入札に応募したのだった。

ここでも、フェリカのライバルは香港の時と同じマイフェアである。

日下部の回想――。

「敵は、マイフェアしかいなかったですね。シンガポール政府も、フェリカとマイフェアの違いをよく知っていました。だから、値段での違い（価格差）で評価するようなことはしないと最初から言い切っていました。だからといって、（価格差が）あまりに開いているのにもかかわらず、高い方を選ぶといろいろと誤解を招きかねない面があったんです。やはり、納める相手は国ですからね。そこで、綿密な技術の違いというものを評価しますと言われました」

入札から決定までの間、入札資料に対して質疑応答が行われる。ＬＴＡはソニーに対し、それこそ執拗なほど質疑応答を繰り返した。時には月曜日に出頭の指示を出し、水曜日に日下部たちが質疑に答えて帰国すると、すぐにまたＬＴＡから呼び出しがかかったうえ、さらに金曜日にシンガポールに飛んで日曜日に戻ってくることもあった。そうしたタイトな日程でのシンガポール訪問が、二十数回にも及んだのだった。

そして翌九九年四月、ＬＴＡは新しい交通システムの非接触ＩＣカードにフェリカを採用することを決定した。しかも〇二年に稼働を始めると、フェリカはすべての公共交通機関に導入されていったのだった。またＬＴＡ以外にも、ソニーはインド（デリー地下鉄）やタイ（バンコク地下鉄）、中国（深圳の地下鉄・バス・タクシー）でもフェリカの採用を勝ち取っていく。

## 立ちはだかる欧州の壁

しかしこうした既成事実の積み重ねにもかかわらず、フェリカは最終的に国際規格にはならなかった。フェリカの国際規格化の前に大きく立ち塞がったのは、マイフェアが普及している欧州勢からの反対だった。

フェリカのサードパーティになった凸版印刷の山本哲久（情報コミュニケーション事業本部）は、当時の事情をこう回想する。

「日下部さんは、当時としては世界最高速の通信性能を実現した技術を開発されました。しかしそれがために、ここが私どもの読み違いなのですが、フェリカの技術は国際標準にはなれませんでした。それは何故かというと、例えば、ソニーさんが掲げられていたロジック（半導体の論理回路）にしろ、当時の欧州の半導体メーカーではその性能は出せません（製造できない）でした。つまり、欧州で製造できないものは標準化できないというニュアンスが（技術委員会配下の国際規格の会議で）強く出たのです。結果的にフェリカは日本ではディファクトスタンダード（事実上の業界標準）なのですが、世界的に見れば、マイフェアみたいな勢いを持つことは出来ませんでした。そのことが、私どもとソニーさんの一番痛いところですね」

さらに、いまも残念そうに言葉を継ぐ。

「ソニーさんには、ＩＳＯにエントリーするように（私どもから）何度も働きかけました。ソニーさんもエントリーされるのですが、その都度（国際規格から）落ちてしまわれました。いわゆるノウハウ的なものも含めて、ある程度の技術を開示して展開するという懐の深さが、当時のソニーさんにはあまりなかったですね。その辺が、（フェリカが国際規格になれなかった）ある程度の理由じゃないかなと思いました」

情報の記録や演算を行う集積回路（ＩＣ）を組み込んだカード、つまりＩＣカードは一九七〇年代初頭、有村国孝によって発明され特許が出願されている。有村よりもやや遅れてフランスのローラン・モレノも、ＩＣカードの特許を出願している。ただし有村が国内特許だったのに対し、モレノは世界の主要国に出願した「国際特許」だったため、世界的にはICカードはモレノの発明と見られがちである。例えば、フランスは「ICカード発祥の地」と言われている。

ICカードの普及という面でも、一九八四年にはフランスで公衆電話のテレホンカードがすべてICカードに切り替えられたり、銀行カードにICカードが導入されるなど欧州全体に広まっており、日本を大きくリードしていた。そこへ、非接触型とはいえ、ICカードのビジネスの主導権を日本（企業）に握られるかも知れないという状況が現れたわけだから、フランスを始め欧州でICカードビジネスに従事してきた企業や関係者が警戒するのは無理からぬことでもあった。

サッカーの試合に喩えるなら、フェリカを国際規格にするかどうかを協議する会議は、いわば完全アウェーの状態で進められたのである。

アウェー状態の会議に出席した日下部は、その時の状況をこう語る。

「当初は、私たちはミクロン社のマイフェアと私どもフェリカのどちらかひとつが残るだろうと考え、そことバトルしていたわけです。その時に、私どもがパートナーに選んだのは、モトローラ（米国の半導体メーカー）でした。モトローラに（フェリカを）ライセンスするという話で、モトローラも非接触ICカード用のLSIの開発を始めていました。ところが、何の会話もなく次のISOのミーティングの時には、欧州勢がずらっと並んでいたその後ろにモトローラは居ました」

ソニーとモトローラの間に、どのようなトラブルがあったのか。その詳細については日下部は多くを語ろうとしなかった。ただ会議に出席しているのが、ほとんど欧州勢だったことからも分かるように、ソニーの味方はほとんど居なかった。アジアからの会議の出席者は日本と韓国ぐらいのもので、多勢に無勢だったのである。

しかもマイフェアしかライバルはいないと思っていた日下部たちに対し、意外な伏兵が現れる。モトローラがイスラエルの企業と組んで、タイプBと呼ばれる新しい非接触ＩＣカードを提案してきたのである。

タイプＡはミクロン社のマイフェアで、会議はいつの間にか、タイプＡとタイプＢを国際規格として認定する雰囲気になってしまっていた。フェリカは、国際規格には認定されなかった。やむなく日下部たちは、フェリカをタイプＣとして改めてエントリーするしかなかった。

ところが、再び新たな伏兵が登場する。

タイプＣの審議に入る予定だった会議の前に、欧州から他にもエントリー希望者を募るべきだという声があがり、それらを含めることになったからだ。フェリカ以外にエントリーしてきたのはタイプＤ、タイプＥ、タイプＦ、タイプＧの四つの非接触ＩＣカードだった。都合、五つのタイプを審議することになったのだが、ここまで数が増えると収拾がつかなくなるという判断から、会議は審議の打ち切りを宣言してしまうのだ。

フェリカは、ＩＳＯの国際規格に認定される道を完全に閉ざされたのだった。息の根を止められてしまったと言っても過言ではなかった。

このままだと、フェリカはＪＲ東日本の非接触ＩＣカードを使った新しい自動出改札システムの競争入札に応募さえできない。絶体絶命のピンチのなか、日下部は善後策を模索した。やがて彼は、ひとつのアイデアに辿り着く。それは、「別の」国際規格を取得するというものだった。

非接触ＩＣカードを利用した自動出改札システム「オクトパス」は香港の地下鉄など公共交通機関に導入され、一九九七年九月から本格的な稼働を始める。それ以後、何のトラブルにも見舞われることはなかった。オクトパスは香港市民に認められ、急速に普及していった。情報処理研究所時代の伊賀章が宅配業者の要望から無線タグの開発に着手してから九年余りが経っていた。

香港の次に伊賀たちフェリカ・プロジェクトチームが狙った大きなターゲットは、ＪＲ東日本である。ＪＲ東日本は磁気式の自動出改札システムを採用していたが、十年後の更新時に非接触ＩＣカード式へ切り替える動きが社内で進められていたからだ。その中心人物は、鉄道総合技術研究所時代から非接触ＩＣカードによる自動出改札システムの開発に情熱を注ぎ、伊賀たちと共同開発を進めてきた三木彬生である。三木は鉄道総研からＪＲ東日本に移ってからも、その実現に向けてさらなる努力を積み重ねていた。

三木たち総合技術開発推進部では室内での実験を繰り返し続け、ある程度の手応えを感じるまでになっていた。しかし重要なのは、実際に駅の改札で非接触ＩＣカードを使った場合でも、室内と同じ結果が得られることである。駅で実際に使ってみる、つまりフィールド試験を行うためには、現場の協力が不可欠だった。そこで三木は、設備部の椎橋章夫（当時、旅客設備課長）に協力を求めた。

椎橋は、非接触ＩＣカードによる自動出改札システムの効果を訴える三木の情熱に打たれ、協力を約束した。こうしてフィールド試験が始まるのだが、第一次は九四年二月から三月まで、対象となった駅数は八（十三通路）、モニター数は四百人だった。第二次は翌九五年四月から十月まで、十三駅三十通路、七百名のモニターによって行われた。

第一次と第二次で使われた非接触ＩＣカードは、いずれも電池内蔵タイプだった。そして試験結果は、いずれも芳しいものではなかった。

大きな理由は、ふたつ。

ひとつは、非接触の特徴であるカードを「かざす」ことで、改札を通ることにこだわったことだった。「かざす」という行為では、読み取り機からの距離感が利用客ごとに違うし、しかもカードをかざす場所が一定しないという問題があった。また、電波が届くかどうかギリギリの距離でカードをかざす人も多く、情報の読み取りが十分に行えず、エラーが続出する結果となった。

もうひとつは、電池内蔵式では試験開始から三カ月を過ぎると、電池の劣化が見られ、ＩＣカードが使えなくなったことだ。これでは、ＩＣカードを長期にわたって使用することができない。また電池には、寿命という避けられない問題もあった。

そうした反省点を踏まえ、ＪＲ東日本では電池内蔵から非内蔵へ、ＩＣカードを「かざす」から読み取り機に接触させる、いわゆる「タッチ＆ゴー」に代えるなどの対策を施すことになった。そうした対策を経て、第三次フィールド試験は九七年四月から十一月までの約七カ月間にわたって行なわれたのだった。その期間は、香港でオクトパス・カードが市民に浸透していく時期とダブっている。

つまり、ＪＲ東日本は第三次フィールド試験を進める一方で、香港にもオクトパスの視察のために人を送り出していたのである。

第三次フィールド試験は、それまでの問題点をすべてクリアし、トラブルらしきことも起こることなく、成功裏に終わった。残すところは、上層部の決断を仰ぐことだけであった。

ところで、ＪＲ東日本では非接触ＩＣカード・プロジェクトの主体が、三木ら総合技術開発推進部から交通システムの整備・管理のオペレーション部隊へと急速に移っていた。第三次フィールド試験の開始と相前後して、設備部旅客設備課長の椎橋章夫のもとに「ＩＣカード・プロジェクトチーム」が設置されたことに象徴される。

そのような組織の整備は、ＪＲ東日本が非接触ＩＣカードの出改札システムの導入をビジネスの一環として本格的な検討に入ったことを意味した。そして第三次フィールド試験後には、ＪＲ東日本では椎橋のプロジェクトチームは増員され、営業担当者や会計担当者、システム担当者などさまざまな分野から優れた人材が集められたのである。さらには副社長を委員長にいただく「ＩＣカード出改札システム導入推進委員会」が設置され、全社的な取り組みへと進んでいったのだった。

## もうひとつの国際規格

フェリカ開発チームを牽引する日下部進は、二つの難問に取り組んでいた。

ひとつは、ISOの国際規格に認定されなかったフェリカを、それに準ずるか匹敵する規格にすることである。それは同時に、JR東日本が非接触ICカードの国際入札を行ったさい、事実上の応募資格を得ることでもあった。

そこで日下部は、ひとつの妙案に辿り着く。

「私が考えたのは、ニア・フィールド・コミュニケーション（NFC）、要は磁界のフィールドでコミュニケーションする通信規格として標準化することです。NFCはきわめて近距離に限定されたコミュニケーション手段で、通常のコミュニケーション手段と違って、タッチするという意思を示すユーザーインターフェースに使えるのではないかと考えました。しかもフェリカだけが双方向対称な通信をしていますが、他のカードはみんな非対称なんですよ」

フェリカ・カードは、大雑把に言えば、無線（非接触）とICカードの二つで構成されている。非接触ICカードとして国際規格には認定されなかったが、無線部分（つまり、NFC）が国際規格に認定されれば、フェリカ・カードはNFCに対応したICカードであると主張できる。

また、JR東日本にしても、もしフェリカを選んだとしても、ISOの国際規格ではないものを調達するわけではないという大義名分が成り立った。

「ICカードの国際規格の審議は、ISOのSC17というサブコミッティで審議しますが、NFCはワイヤレスLANと同じSC6での審議になります。とにかく新しいコミュニケーション手段の通信規格として、ISOの国際標準にしようと頑張りました。最終的に、NFCはISO／IECの18092という規格になりました」

と、日下部は「成果」を振り返る。

これでJR東日本の国際入札に参加できる、と日下部は確信した。

もうひとつは、フェリカ・カードの仕様の見直しである。

日下部は、もともと香港で採用されたフェリカ・カード、つまりオクトパス・カードの仕様をそのままJR東日本でも使おうと考えていた。しかし電子乗車券の規格はわが国では日本鉄道サイバネティクス協議会で決められており、いわゆる「サイバネ規格」を満たさないと電子乗車券としては認められなかった。サイバネ協議会では、ICカード乗車券の他にも磁気式乗車券の仕様や規格管理などを行っている。

サイバネ規格には、首都圏の主要駅で一分間五十名の乗降客が一台の自動改札機を通過すると言われる人の流れに対応する処理速度、通信速度、その通信距離などの厳しい基準項目が設けられている。それらの基準に合格するのはもちろんだが、そもそもサイバネ規格を満たすにはメモリの容量が一・四キロバイトは必要なのに、香港のオクトパス・カードのメモリは、一・二五キロバイトしかなかった。オクトパス・カード（の仕様）のままでは、JR東日本では使えなかったのである。

さらに日下部は、「汎用電子乗車券技術研究組合（TRAMET、トラメット）」からオクトパス・カードで使用したシングルアプリケーション対応のフェリカOS（管理ソフト）を、日本ではマルチアプリケーション対応のフェリカOSに変更する必要があることを指摘されていた。

しかし、そもそもシングルアプリケーションという表現自体がその実態を知らない人たちには誤解を招きかねないものだった。というのも、香港のオクトパスは「六社七サービス」体制からスタートしたため、提供されるサービス（アプリケーション）が複数あっても「六社七サービス」をひとつのサービスと考えてきた経緯がある。別の言い方をするなら、オペレーター（運用者）がオクトパス社の一社だけという意味である。

ところが、トラメットは「日本では、シングルアプリケーションはシングルオペレーターのことではない」と指摘し、JRや私鉄、地下鉄など複数のオペレーターが運用できるフェリカOSへの改良を求めたのである。つまりシングルとマルチは、アプリケーションにかかるのではなく「オペレーター」にかかる表現だったのである。

日下部は、各事業体（運用者）がそれぞれ発行した電子乗車券（ICカード）を共通に使えるようにするとともに、セキュリティのファイアウォールのかけ方や管理の仕方などを事業体ごとに変える必要があった。マルチアプリケーション対応のフェリカOS（第二世代、いまのフェリカ）の開発は必須案件となったのだ。

## フェリカ・ビジネス

トラメットが民間企業の開発事業に影響力を行使できたのは、当時の電子乗車券普及のため通商産業省（現、経済産業省）や郵政省（現、総務省）等の協力のもと、鉄道事業者や関係企業などが次世代の乗車券として実用化に協力し合う環境が整いつつあったからである。

例えば、一九九六年に学識経験者や利用者代表、事業者代表をメンバーとする「汎用電子乗車券開発検討委員会」や、推進・実用化を目的としたトラメット（電気・機械・印刷などの業界から四十六社の民間企業が参加）が相次いで設立され、両者に日本鉄道サイバネティクス協議会を加えた三者で仕様の検討や製品を作るまでの意見調整を行うことになっていたのだ。ちなみに、ソニーもトラメットに参加している。

日下部は二つの難問解決にあたりながら、ふと思うところがあった。それは「フェリカ・ビジネスは、このままでいいのか」という根本的な疑問である。

日下部の回想——。

「香港でオクトパス社にフェリカのカードを売った時は、まだ（私たちソニーは）ハードウエア（製品）を売るというビジネスしか考えていなかったんです。納品後に、つくづく思ったのは物販ビジネスの限界でした。三百万枚をオクトパス社に納入したら、その後の受注がなければ、製造工場は止まってしまいます。ずっと工場を稼働させるには香港のような大きなビジネスを取り続けなければなりませんが、きっとどこかで行き詰まるだろうなと思いました。電池の要らないフェリカのカードは永久に使える可能性がありましたから、（みんなに）行き渡るとビジネスは終わります」

そして彼は、ひとつの結論に辿り着く。

「たぶん（フェリカのビジネスが）生き残るためには、香港のようなオペレーターになるしかない、いやなるべきだと思いました。香港のビジネスモデルは本当に良く出来ていましたから、これを日本に持ち込む時には、つまり日本でフェリカのビジネスを始めるなら、私たちも香港のようなビジネスモデルをちゃんと考えなければいけないと思いましたね。上司の伊賀さんの関心は技術主体で、ビジネスにはそれほど興味を持たれていませんでした。例えば、電子マネーでも『おもしろいけど、自分でやる気はないから、お前が行ってやって来い』と伊賀さんが言われるので、私は研究所を出て、自分で書いたプランを実行することにしたのです。それで最初に行ったのが、堀籠（俊生）さんのデジタルネットワークソリューションカンパニー（ＤＮＳ）でした」

ＤＮＳとは、一九九五年に末席の常務から社長に大抜擢された出井伸之が、来たるネットワーク社会に備えて、ソニーの本業であるエレクトロニクス・ビジネスにネットワーク志向を持ち込むため、サービスやネットワークに通じた人材を集め、その拠点組織として設立したものである。

そしてそのトップに出井が据えたのは、インターネット接続サービスの「Ｓｏ－ｎｅｔ（ソネット）」を立ち上げて、ネットビジネスに本格参入したソニーコミュニケーションネットワーク（現・ソニーネットワークコミュニケーションズ）の社長を務めていた堀籠俊生である。

出井は、九八年一月にDNSを設立したさい、堀籠へのミッションとしてデジタルプラットフォームの構築と、そのうえでのサービスを提供する事業を作り出すことを命じていた。その当時、デジタルプラットフォームに相当するのは、デジタル衛星放送とケーブルテレビ、そしてインターネットの三つだった。

堀籠の下で出井のミッションのひとつ、「サービス事業」の立ち上げを模索していた大塚博正は、こう回想する。

「インターネットと放送といったとき、むしろサービスはインターネットに寄せたものにウェートを置いたわけです。結局、堀籠さんといろいろ話し合いましてね。『やっぱり、これだね』と最初に打ち出したのが、Eコマース（電子取引）でした。インターネットを通じたこの商取引は、これからどんどん大きくなるだろうから、サービスのひとつの軸になるのではと、考えたのです」

そうした環境下にあったDNSに、日下部進は九九年三月、ネットワークファイナンス事業部カードシステム部の統括部長として赴任するのである。

日下部は「自分で書いたプランを実行するため」DNSへ移ったというが、そのプランとは何か。

日下部は、こう説明する。

「じつは、研究所時代の九六年から『オーディオ・ビジュアル・コンテンツ・スーパー・ディストリビューション（AVCSD）』を同僚と二人で研究していたんです。昔流行った『超流通』というやつなんですが、これが研究所からのミッションとしてあったわけです。カードの開発の傍ら、二人で研究していました。その時に出した結論は、『コンテンツは、ライツを売るべきであってデータを売ってはいけない』というものです。つまり、デジタル時代のコンテンツ・ビジネスは、音楽にしろ映画など動画にしろ、視聴を許可するライツ（権利）を売るというまったく新しい売り方をすべきだと考えたのです」

## ユーザーの不満

インターネットの普及とともに、コンテンツの違法コピーや海賊版が氾濫するようになり、音楽会社や映画会社などコンテンツクリエータ側の損害は年々、多大なものになっていた。そのため、違法コピーなどを防ぐ手立てがいろいろ講じられてきたものの、十分な効果を得られるまでには至っていなかった。

別名「コピー天国」と呼ばれる中国のような著作権侵害が横行する国や地域に対し、厳しい取り締まりが世界から求められるのは当然のことである。中国政府も、そうした批判に応えて音楽ＣＤや映画のＤＶＤなど海賊版の商品を没収し、焼却処分する実力行使に出ている。大量の海賊版の商品が燃やされるシーンは日本でもテレビニュースなどで流されたことがあるから、その深刻さは周知の事実である。

しかしこうした強攻策は一時的な効果があっても、大量の違法コピーを防ぐ決め手にはならない。というのも、コンテンツをコピーするデジタル機器（例えば、パソコン）が市販されているからだ。

それにデジタルの特徴のひとつは「情報の共有化」にあるが、それはコンテンツや情報をコピーできるという意味である。つまりデジタル時代とは、音楽CDなどデジタル化された商品は、容易にコピーできる時代なのである。

しかもデジタル・コンテンツの場合、コピーとコピー元のコンテンツの品質にはほとんど差異がなかった。デジタルであれば、コピーしても劣化しないのだ。それゆえ、タダで作れるコピー商品がなくなるはずはなかった。

さらに、デジタルネットワーク時代を迎え、違法コピーはさらに深刻な問題を引き起こすことになる。圧縮技術の発展とインターネットのブロードバンド（高速大容量）化によって、音楽CDやDVDなどからパソコンに取り込まれたコンテンツは、圧縮技術によってファイル化され、それがインターネットを通じて世界中に自由に流通するようになったからだ。またウィニーなどのファイル交換ソフトを使えば、他人のパソコンに保存されているコンテンツ（ファイル）を半ば自動的に入手することもできた。

こうした動きに対し、音楽や映画などのコンテンツ制作会社だけでなく、AV（音響映像）メーカーでも高度な著作権保護技術の開発に取り組んできていた。

例えば、世界的な音楽会社と映画会社を抱えるソニーは、人一倍著作権保護に熱心な企業である。音楽ソフト（楽曲）に関しては、独自の著作権保護技術「オープンMG」を使っている。ソニーの音楽管理ソフト「ソニックステージ」を使って、CDからパソコンに楽曲を取り込んだり、インターネットから楽曲をダウンロードするとオープンMGで著作権保護がなされる。具体的に言えば、楽曲とパソコンが関連づけられるため、他のパソコンでは聴けないのだ。

つまり、ソニー製のパソコンと音楽管理ソフト「ソニックステージ」を使って別のソニー製のパソコンでダウンロードした楽曲を聴取しようとしても、ダウンロード元のパソコンでなければ、その楽曲を聴くことは出来ない仕組みなのである。オープンMGで著作権保護されたコンテンツは、取り込んだパソコンないしウォークマンなど指定された音楽機器に取り出してしか聴けないため、いくらダウンロードした楽曲をコピーしても無駄というわけである。

しかしこの方法にも、まったく問題がないわけではない。

CDからにしろインターネットからのダウンロードにしろ、楽曲はパソコンのハードディスク（記憶媒体）に圧縮されてファイルの形で取り込まれる。いわば、音楽ライブラリーとなるのだが、ハードディスクには寿命があるし、また突然クラッシュするというリスクも抱えている。その場合、ユーザーは一瞬にして、自分のライブラリーを失うことになる。しかもその場合の有効な救済策はなく、ユーザーには諦めなさいと言うしかない。また新たに楽曲を購入したり、再度CDから楽曲を取り込むしか手はないのだ。

これでは、ダウンロードで楽曲を購入したユーザーは不満だろうし、本来なら購入した楽曲は、メーカーに関係なくどこのデジタル音楽機器でも聴きたいし、どの社の携帯オーディオでも外へ持ち出して楽曲を楽しみたいであろう。自分で「購入」したものは、自分が好きなように使いたいものである。

そうしたユーザーの要望に応えられるメーカーは、当時はまだ存在していなかった。

## 物販からの脱却

このような問題がなぜ起こるのかと言えば、日下部によれば、コンテンツをデータとライツに分けずに販売しているからだということになる。

そこで音楽配信を例にとって、日下部の考えを検証してみよう。

ライツを管理するセンター・サーバーを設置し、インターネットで音楽配信を行う場合、利用者はデータ（楽曲）をダウンロードすると同時にライツを電子マネーなどで購入する。そのとき、センター・サーバーに購入者のＩＤが登録される。

これによって、もしパソコンのハードディスクがクラッシュしても、センター・サーバーに登録されているＩＤによってライツを購入している音楽データを再度、ダウンロードして音楽ライブラリーを復活させることができる。

この時に大切なのが、ＩＤを認証するツールである。日下部は、個人認証や機器認証にはフェリカ・カードがもっとも適していると考えていた。フェリカ・カードは入退室システムや社員証などにも使われていることからも分かるように、セキュリティ・カードとしての機能に優れ、しかも使い勝手が良かった。

このサービスを実現させるには、フェリカ・カードだけでなく読み取り機が取り付けられたパソコンやAV機器が欠かせない。その当時のソニー製の液晶テレビやパソコンなどに搭載されていたフェリカ・ポート（読み書き機）と同じものと考えればいい。パソコンで音楽ソフトをダウンロードするさい、決済は電子マネーで、個人認証と機器認証はフェリカ・カードとフェリカ・ポートで行うのである。

また、友人などにダウンロードした音楽データを渡せば、その友人が音楽を聴こうとするとセンター・サーバーに繋がり、個人認証されないため、ライツの購入を勧めるメッセージが出る。友人がフェリカ・カードの所有者で、かつパソコンにフェリカ・ポートが搭載されているなら、その場で電子マネーで決済され、IDが登録されて音楽を楽しむことができるというわけである。

しかも音楽ソフトの提供者にとって有益なのは、コピーされた音楽ソフトの数をかなり厳密に把握することが出来ることだ。しかもコピーした音楽データを聴こうすれば、ライツ料金を支払わなければならないから、違法コピーに泣かされることも少なくなる。

もちろん、この仕組み作りは日下部らソニーが行い、音楽ソフトの提供は音楽会社が行う。あるいは、ソニーが仕組みを提供して、音楽会社が配信サービスまで行うケースを考えてもいい。その仕組み、つまりライツの管理などを行うことで、ソニーはトランザクション・フィー（データ処理費）を音楽会社からもらうのである。

日下部はハードビジネス（カードの物販）だけでなく、それからの脱却、つまり製品を売ってからも「フィー」という形で定期的に収入を確保する新しいビジネスを目指したのである。

日下部の回想――。

「フェリカがJR東日本の非接触ICカードに採用されても、五百万枚ぐらいの発注だと聞いていましたので、一年もしないうちに（カードの製造は）終わってしまいます。やはり、フェリカのビジネスが生き残るにはオペレーターになるしかないと思いましたが、実際にソニー単独で出来るわけがありません。無料でカードを配り、読み取り機などの端末を店舗に配置するというインフラ整備のための投資をソニー単独で行うことはコスト面から考えても無理でした。しかし私は、（オペレーターになる会社と）組んでやることは出来るはずだと思いました。それには、組む相手にとってわれわれ（ソニー）が魅力的な存在でないといけない。そこで、JR東日本と組む方法を考えたわけです。香港ではやっていなかったのですが、JRの非接触ICカード（つまり、フェリカ・カード）にいろんなアプリケーション（サービス事業）を載せることで、初めて私たちの立場が主張できるのではないかと。JRは交通系というキー・アプリケーションは持っていましたが、それ以外は持っていませんでした。そこで、コンテンツ配信した時の決済とAVCSDの考えを提案したのです」

## 「撤回してこい」

DNSに移る前の一九九八年前半、日下部は交流のあった三木彬生を通じて非公式ではあるが、JR東日本側に「一緒にビジネスをしたい」旨を伝えていた。そのさい、JR東日本がサイバネ規格として一・四キロバイトのメモリを求めていたことに対し、日下部はメモリの容量を二・五キロバイトにし、価格は香港と同程度にするので残りの一・一キロバイトを一緒に運用することを提案したのだった。運用するサービスは、もちろんAVCSDである。

JR東日本との提携（共同運用）が実現すれば、フェリカ・カードの「売り切り」ビジネスだけでなく、定期的に収入が得られる新しいビジネスを切り開ける。それは「製品を売った後からも利益を得る」新しいビジネスモデルを手にすることでもあった。まさにソニーにとって、インフラ整備の負担もなく着実に果実が得られる千載一遇のチャンスだった。

ところが、日下部は出鼻を挫かれる。

そのころ、日下部はフェリカ・ビジネスを推進するために設置された「ニュービジネスインキュベーション（NBI）」部門のカードシステム事業室に所属していた。研究所に籍は残していたものの、日下部の仕事の中心はカードシステム事業室にあった。そのNBIの責任者である専務の川島章由に対し、月一回の報告の場で、日下部はJR東日本と組んでAVCSDのサービスを共同で運用するアイデアを話した。

しかし川島の反応は、厳しいものだった。

「（JR東日本と組む話を）撤回してこい。そういうビジネスは、ソニー単独でやるべきもので、JRと組むべきではない」

日下部は「撤回してこい」という川島の怒鳴り声に対し、反論した。

「カードをタダで配ってインフラの整備をやるというだけの体力がソニーにあれば、それは単独でやりますけど」

「それぐらいの体力は、ソニーにはあるよ。だったら、（単独で）できるだろう」

のちに電子マネー「エディ」を運用したビットワレット（ソニー系）のように自らの手で店舗を開拓し、端末（読み取り機）を格安の値段で店舗に設置するなどの営業活動を行う意思がソニーにはあるし、その体力もあると川島は主張したのだ。しかしビットワレットがインフラ整備の投資コストがかさみ、多大な負債に苦しめられ、最後はインターネット通販大手の楽天に売却されたことを考慮するなら、川島の判断は妥当なものだったとは言い難い。

他方、ＪＲ東日本からの返事も色よいものではなかった。

「私の、一緒にビジネスをしたいという非公式な打診は、三木さん以外にも新しい改札システム導入の現場の責任者だった椎橋さんとその部隊、さらに上司の井上常務まで伝わっていました。しかし向こうとしても、実際にモノ（ＪＲ東日本が求める非接触ＩＣカード）が出来ていない段階で考える余地はない、時期尚早ということになって流れたというか、ペンディングになったのです。実際のところ、新しい改札システムの導入に向けての準備で大変な時に、新しいサービスビジネスなど考えている余裕はなかったと思います。そういうことで、川島さんから『断ってこい』と言われましたが、そう簡単に撤回できる話ではなかったので、そのままにしていたらＪＲ側でペンディングになりましたからという返事をもらったので、撤回に行く必要もなくなったんです」

ＪＲ東日本にすれば、国際入札で応札に成功してから、そうした話は持ってこいということだったろう。もしソニーが国際入札で取れなかったら、いくら新しいサービスビジネスのアイデアだと言っても、ＪＲ東日本と組むことは叶わなかった。

それにしても、日下部はどうしてＪＲ東日本と組むことにこだわったのだろうか。インフラ投資のコスト負担を避けたいという考えだけなのだろうか。

「一番いい例が、ＮＴＴドコモなど携帯電話会社のビジネスモデルです。携帯電話の料金徴収体系（システム）では、サービス業者がコンテンツを売った代金を携帯電話会社が携帯電話料金と一緒にユーザーから徴収しています。コンテンツを売っている企業も儲かっているでしょうが、代金回収のプラットフォームを持つ携帯電話会社はその都度、かなりの額の手数料をもらっているわけです。つまり、コンテンツを売っている企業よりも、それに負けず劣らず利益を上げるビジネスが存在しているわけです。同じようなビジネスが、フェリカ・カードでも出来るはずだと考えたのです。携帯電話のビジネスモデルほど儲からないにしても、コンテンツ料金の一〇パーセント程度の手数料を稼げるだろうと。そのさい、私がカードに入れるアプリ（サービス）として一番相応しいと考えていたのは、コンテンツのライツなんです」

## サービスから切り離された決済機能

しかし日下部がＤＮＳに異動した頃には、さらに厳しい環境になっていた。

音楽配信それ自体、ソニーで始めることは困難を極めていたからだ。最大の障害になっていたのは、グループ企業の「ソニー・ミュージックエンタテインメント（SME）」の存在である。世界的な音楽会社であるSMEが、何よりも音楽配信に消極的だったのである。というのも、ユーザーが音楽配信で楽曲を楽しむようになると、稼ぎ頭の音楽CDの売り上げが激減するのではないかと心配したからだ。「わが世の春」を謳歌している自分たちの音楽ビジネスが、将来にわたってダメージを受けることを恐れたのである。

それでも、何とか音楽配信を立ち上げたいと考える社内の動きによって、とりあえずSMEの意向を踏まえながらスタートさせることになった。そのため、会社のミッションとしては「AVCSDを考えろ」であるにもかかわらず、それをちゃんと折り込むことが出来なかった。ソニーの配信事業は限定的なものにならざるを得なかったゆえんである。ソニーの中途半端な音楽配信が多くのユーザーに受け入れられるはずもなかった。

音楽配信が本格化し音楽会社が楽曲を提供するようになるのは、二〇〇二年に音楽配信サイト「アイチューンズ・ミュージック・ストア」をアップルが立ち上げた以降のことである。アップルの場合、サイトからパソコンのハードディスクに楽曲をダウンロードし、それを音楽管理ソフト「アイチューンズ」で管理する仕組みだ。パソコンで楽曲を楽しむことも出来るが、携帯音楽プレーヤー「iPod（アイポッド）」に転送すれば、屋外でも楽しめるというビジネスモデルなのである。

そして本格的な音楽配信開始の背中を押したのは、大手を始め音楽会社各社がこのビジネスモデルへの楽曲の提供を決断したことである。さらに音楽CDアルバムであっても、一曲九九セントで一曲から販売するというアップルのアイデアは多くのユーザーから支持され、配信ビジネスのトレンドを作るまでにもなった。

音楽配信を始めたのはソニーが先だったが、その果実を得たのはアップルだった。ただソニーにとって不運だったのは、音楽配信を始めた当時、ユーザーはインターネットに電話回線（ナロウバンド）で接続しており、現在のような光回線に代表されるブロードバンド化は実現していなかったことである。ナロウバンドでは容量の大きい音楽や動画などのコンテンツはダウンロードするにしても時間がかかりすぎたし、途中で回線が切れたりパソコンがフリーズするといったアクシデントも覚悟しなければならなかった。音楽配信に相応しいインフラが当時は、まだ整っていなかったのである。

他方、DNSでは、日下部の思惑と別の動きが加速していた。

NBI部門には、日下部のカードシステム事業室以外にもパーソナルファイナンスグループも所属していた。のちに、インターネット銀行の「ソニー銀行」を立ち上げるグループである。その他にも、Eコマースを立ち上げるため、金融に強い人材が銀行などから中途採用されてきていた。

同じNBI部門にいるわけだから、日下部のAVCSDを取り入れた音楽配信ビジネスの話も自然と彼らの耳にも入るようになる。しかし彼らが強い関心を抱いたのは、日下部の本来の目的であるサービス事業（音楽配信サービス）そのものではなく、配信にともなう決算手段「電子マネー」だった。つまり、目的よりも手段に目を付けたのである。

電子マネーの実現化に向かう彼らの動きと並行して、国内営業の部隊も電子マネーを聞きつけ、日下部のもとに通ってきていた。彼らは東京・大崎に新しく建てるビルに電子マネーの仕組みを導入できないものか、要するに「電子マネー」を売り物のひとつにしたいと考えていたのだ。

そうした流れに押されるようにして、DNSに移った日下部も電子マネーのモニターテストへの協力に駆り出される。具体的に言うなら、日下部がフェリカ・カードで提供するサービスの代金回収の決済手段として開発した電子マネー機能を、そこだけ取り出し単独の電子マネーカードを作って欲しいというものである。

日下部は、フェリカ・カードを「プリペイド型電子マネー」に特化した、新しいカードに作り替えた。そのカードで、ソニーは三井不動産が管理・運営する「ゲートシティ大崎」（東京都品川区）内で電子マネー利用のモニターテストを実施したのだった。

一九九九年七月二十六日から十二月二十四日までの約五カ月間、モニターテストは行われ、入居企業の約八割、従業員約五百人が参加した。電子マネーが利用できるのは、ショッピング区域の五店舗だった。月平均の利用件数は約四千件、五店舗合計で電子マネーカード所持者の約七割が電子マネーを利用していた結果が得られた。それを受けて、ソニーはフェリカ・カードの利便性、迅速かつ簡単な操作性などが高く評価されたと判断する。これ以降、ソニー社内ではフェリカ・カードを電子マネーとして商品化する動きが加速していったのだった。

しかし日下部は、手段が目的化する動きに戸惑いを隠せないでいた。

「私がフェリカを作ったのは、もともとたくさんのアプリ（サービス）を入れる『器』としてです。例えば、香港では地下鉄やバスなどの交通系以外にもキオスクや公衆電話、コンビニ、自動販売機、博物館などの電子チケットといったいろんなサービスが一枚のカード（オクトパス・カード）で利用できます。また将来的には、映画や演劇などの電子チケットサービスも利用可能です。インターネットで予約し、会場ではカードをかざすだけで入場できるというものです。そのようなサービスの代金を回収する手段として電子マネーが必要だと考え、私は電子マネーを作ったのです。その代わり、オペレーターはサービス提供会社からデータ処理を含む管理運用費を徴収する。そういう新しいビジネスがあるだろうと考えたのです。だから、電子マネーは手段であって目的じゃないんです」

「かざす」だけですべての処理が終わる非接触ＩＣカードの持つ手軽さ、利便性を自分のビジネスに取り入れたいと考えるサービス事業者は誰でも自由に入れて、しかもその代金回収には電子マネーが決済手段として「付随」しているシステムが、フェリカ・カードなのである。

それゆえ、電子マネーは日下部にとって、誰もが自由に利用できるニュートラルなものでなければならなかった。それに対し、特定の電子マネーにしてしまうと、使える場所が限定されるうえ、端末等のインフラ整備に多大な資金を必要とするため、コスト負担の増大、つまりリスクも高くなる。しかも少額決済に使われる電子マネーそれ自体のビジネスは、クレジットカード・ビジネスのような高額な支払いは期待できないので、高い利益を確保することは難しいと言わざるを得ない。それなのに、ソニーの電子マネー専用カード発行の動きは、加速こそすれ弱まることはなかった。

だからといって、日下部にはどうすることも出来なかった。

というのも、JR東日本との提携やAVCSDの採用など日下部が提案するものがまったく通らなかったからだ。日下部はあくまでもフェリカの開発チームを率いるエンジニアであり、エンジニアは新しい技術や新しい製品を開発したら、あとはそれを商品化するワーキンググループ（商品企画などの社員で構成）にスムーズに渡すところまでが彼の仕事だからだ。

もちろん、新しい技術や製品に通じているエンジニアが、いろんなアイデアをワーキンググループやその責任者に提案することは可能だが、それを採用するかどうかを含め最終的な決定権は責任者およびワーキンググループにあった。それは、ソニーに限らず他の企業でも同じであろう。

ただ問題だったのは、フェリカ事業に関しては、エンジニアの日下部のほうがワーキンググループの誰よりもビジネスセンスがあったということである。そして非公式とはいえ、日下部にはJR東日本側に自分のアイデアに基づく具体的な提案をしたり、さらには相手と直接交渉する行動力が備わっていた。

このような卓越した日下部進のビジネスセンスは、これまで指摘した「血筋」に起因するものだろう。ただソニーといえども日本の会社である限り、個人的に恵まれた才能が時には組織内では「出る杭」にもなる。そして「出る杭は打たれる」の喩え通り、日下部は手段の目的化が加速するなか、フェリカ・プロジェクト本来の目的から遠ざかっていく現実を前にして焦燥感だけが募っていったのだった。

# 第5章　電子マネー

フェリカ・プロジェクトの開発責任者である日下部進にとって、電子マネーは手段であっても、それ自体は目的ではなかった。しかしソニーでは、電子マネーの発行・管理会社の設立に向けて動き出していた。

二〇〇一年一月十八日、ソニーはグループで四七パーセントの株を保有するプリペイド型電子マネー・サービスを行う事業会社「ビットワレット」を設立した。他の出資会社にはＮＴＴドコモや大手金融機関などが名前を連ねた。ちなみに、電子マネーの名称「Ｅｄｙ（エディ）」は、Ｅｕｒｏ（ユーロ）、Ｄｏｌｌａｒ（ドル）、Ｙｅｎ（円）の三つの通貨の頭文字を取ったもので、第四の基軸通貨を目指したものだった。

他方、日下部は電子マネー「エディ」の開発にあたって、最後の抵抗を試みていた。それは、エディを出来るだけニュートラルな立場にすることだった。

すでに触れたように、フェリカ・カードはアンテナとＣＰＵ（中央演算処理装置）、メモリ（記憶媒体）の三つのデバイスで構成されている。その三つは、フェリカ・カードという一枚のＩＣチップに

フェリカ・チップのメモリの内部構成

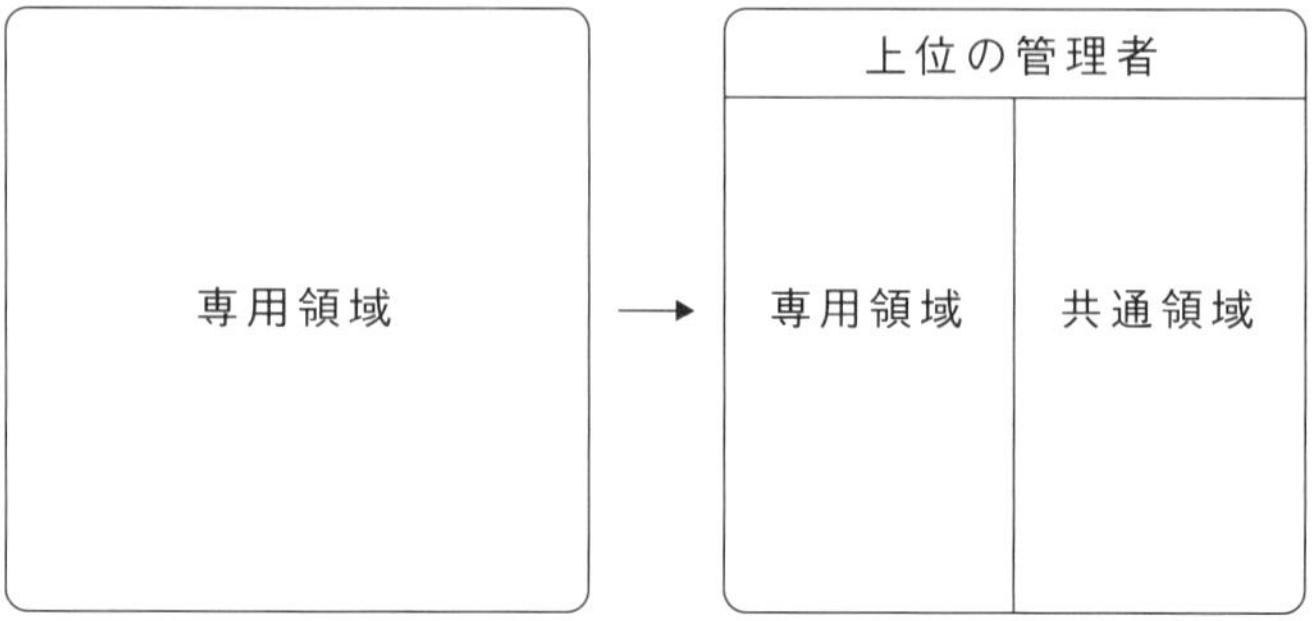


収められている。

私たちが利用するさまざまなサービスを提供するアプリケーションソフトは、メモリ部分に収納されている。そのメモリを日下部は二分割して、一方をカード発行者専用の領域、他方をサービス提供業者なら誰にでも利用できる「共通領域」にしたのである。つまり日下部は、独断で上位のレイヤー（管理体系）を作っていたのだ。そしてエディを、共通領域に入れたのである。

日下部の意図は、一台のパソコンを家族などで共同使用しているケースを想定すると分かり易い。複数の利用者が一台のパソコンを、あたかも自分専用のパソコンのように使う場合、ひとりを「管理者」にし、他の者は共同利用者として設定すればいい。パソコンを立ち上げ、自分のパスワードを指定された画面の記入欄に入力すれば、たちまち自分専用の画面が広がる。そこでは、パソコンを自分専用機として利用できる。ただし、パソコン全体にかかわるバージョンアップやシステムの変更などは管理者（の領域で）しかできない。

つまり、管理者は日下部が新たに作った上位レイヤーに相当し、家族などの利用する画面が共通領域なのである。電子マネー「エディ」をパソコンのアプリに喩えるなら、日本語ワープロの「ワード」などがそれにあたる。ワードが「共通領域」にあるからこそ、管理者以外の利用者も自由にワードを使うことができるのである。

いま一度、話をエディを共通領域に置いた理由に戻す。

映画や演劇、あるいはイベントのチケットの予約販売を行っている会社が、その事業をフェリカ・カードを使った電子チケットサービスとして展開したいと考え、アプリの提供者になったとしよう。利用者はインターネットで予約し、会場の入り口ではカードをかざすだけで通ることができる。そしてその代金の回収手段としては、電子マネー「エディ」を利用する。このことが可能なのは、サービス提供事業者のアプリとエディが共通領域に入っているからである。

だが、エディを発行するビットワレット側は猛反対した。というのも、自分の発行するカードは自分ですべて管理したいと考えるのが当然だからだ。しかしそれでは、エディを利用したいと考えたサービス提供業者（アプリ）は、ビットワレット（エディ）の管理下に入らなければならない。サービス提供業者にすれば、余計な制限は誰からも受けたくないものだ。

ここに、エディが共通領域に入る大きな意味がある。共通領域にはいろんなアプリが入るが、それらの関係はみな対等である。共通領域にエディがあれば、誰もがニュートラルな立場のエディを対等に利用することができる。つまり、決済手段としてエディのプレゼンス（存在）が高まるのだ。

最終的に、日下部は設計者の強みを発揮してビットワレットの反対を押し切る。その決断の正しさは、その後、日本航空（ＪＡＬ）や全日空（ＡＮＡ）など大手企業のカードに搭載され、利用されていることからも明らかである。それもこれもＪＡＬやＡＮＡなどのアプリが共通領域に入り、エディと対等な関係が保持されているからである。

利用者が「かざす」だけで済む非接触ＩＣカードの手軽さを、自分のビジネスにも取り入れたいと考えるサービス提供事業者は誰でも自由に入れて、しかもその代金回収に電子マネーが決済手段として事前に「付随」しているシステムが、フェリカなのである。

## 食い違っていく意図

他方、ＪＲ東日本では、二〇〇一年からの「ＩＣカード出改札システム」の導入に向けて、準備を着々と進めていた。一九九九年三月に、電子乗車券として非接触ＩＣカードの導入を決定すると、翌二〇〇〇年六月には非接触ＩＣカードの国際競争入札を行い、フェリカの正式採用を発表した。

そしてビットワレット設立からしばらくした二〇〇一年春、ＪＲ東日本のＩＣカード出改札システムの担当役員である井上健常務と、現場の責任者である椎橋章夫旅客設備課長の二人がソニー本社を訪ねてきた。ソニーで対応した役員は、副社長の小寺淳一だった。ＪＲ東日本の二人の目的は、二つだった。

ひとつは、ＩＣカード出改札システム開発・運用に対するそれまでのソニーの協力、つまりフェリカ・カード開発による協力に感謝の意を伝えることである。そのための表敬訪問が、表向きの主要な目的だった。

もうひとつは、ソニーにとって意外な申し出となった。

日下部は香港で採用されたフェリカ・カード（オクトパス・カード）を、そのままＪＲ東日本の非接触ＩＣカードに転用するつもりでいた。しかしわが国の電子乗車券はサイバネ規格に基づかなければならず、それには一・四キロバイトの容量が必要だった。他方、オクトパス・カードには一・二キロバイトしか容量がなく、そこで日下部は同じ増やすなら、一・一キロバイトをサービスで付けて二・五キロバイトにしたのだった。

そのサービス部分、一・一キロの使用についてＪＲ東日本側は、五〇〇バイトをエディに使うので、残りの六〇〇バイトを新幹線のチケットやグリーン券の販売に使いたいと申し出たのである。

日下部の回想――。

「驚きました。そんな馬鹿な話があるかと思いました。カードとしては（ＪＲ東日本に）売り切っているわけですから、こちらが許可するもしないもないです。たしかに口頭でしたが、『一・一キロバイトをサービスしますから、一緒にビジネスをさせてください』とは言いましたが、それは約束でもなんでもありません。だいいち、その時はカードも出来上がっていませんでしたし、時期尚早ということで流れたと思っていました。いまから思えば、（ＪＲ東日本は）無視したわけではなく、他にもいろいろ処理すべき問題を抱えていたのでペンディングにしていただけだったんです。その時のことを覚えていてくれて、とりあえず（JR東日本で）サービスの一・一キロバイトのメモリのうちの六〇〇バイトを使い切るという仁義を切りにきてくれたのだと思います」

日下部は、JR東日本の申し出から二つの朗報を得た。

ひとつはJR東日本が独自に電子マネーのビジネスを行う意思がないこと、もうひとつはソニーが運用で利益を得るという日下部懸案のビジネスモデルの実現が可能になったことである。

JR東日本が電子マネーにエディを使う場合、非接触ICカードのメモリに共通領域を作らなければならない。つまり、JR東日本の非接触ICカードのメモリは電子乗車券として使う専用領域と、エディが入る共通領域に分割する必要があるのだ。それにともない、上位のレイヤーと共通領域を管理・運用する者が必要になる。専用領域の管理・運用はJR東日本で、共通領域の管理・運用はソニーが受け持つというわけである。

さっそく日下部は、ビットワレットにJR東日本の「エディを搭載したい」という希望を伝えた。しかしビットワレットでは、従来の主張「JR東日本と組む必要はない」を繰り返すだけで、頑なな姿勢を改めようとはしなかった。しかも二〇〇一年の十月、翌月にエディのサービス開始を控えていたとき、日下部はエディのメモリが従来の五〇〇バイトから七〇〇バイトに変更されていることに気付いた。

フェリカの開発部隊はすべて日下部の傘下にあったが、ビットワレットでは日下部が設計した仕様を独自に変えて、新しいエディとして発行の準備を進めていたのだ。七〇〇バイトでは、JR東日本の非接触ICカードのメモリには入らない。それは、ある意味、ビットワレット側のJR東日本とは組まないという強い意思の表れでもあった。

日下部はやむなく、JR東日本に「エディのメモリは七〇〇バイトに変更されましたので、もうエディの（JR東日本の非接触ICカードに）入る余地はなくなりました」と伝えるしかなかった。JR東日本側も「入らないのだったら、仕方がないね」と承知し、逆に日下部に独自の電子マネーの開発に協力して欲しいと依頼したのだった。

## 銀行系役員たちの反発

二〇〇一年十一月一日、ビットワレットは、プリペイド式電子マネー「エディ」のサービスを開始した。そして十八日には、JR東日本がプリペイド式電子乗車券「Ｓｕｉｃａ（スイカ）」を用いたICカード出改札システムを稼働させたのだった。

スイカ・カードにエディを搭載するという日下部のアイデアは実現しなかったものの、そのことでJR東日本との関係が途絶えたわけではなかった。これまでの協力関係を尊重したのか、JR東日本はソニーと何らかの形でビジネスを一緒にしたいと考えていたフシがあった。そのひとつが、店舗などで電子マネーを使う場合のリーダー（情報の読み取り機）、つまり端末機器の開発をソニーに依頼してきたことである。

もちろん、その背景には日下部がJR東日本の求めに応じてエディに代わる新しい電子マネーの開発に協力していたこともあった。そのさい、両者の間で「少なくとも端末だけは、一緒に使えるようにしよう」という話があった。そうした流れに沿ったものが、端末機器の開発依頼となったのであろう。

しかしこの開発話は、またもや流れる。

日下部は、あまりにも先見性のないソニー側の対応に呆れ果ててしまう。

「ソニーが（JR東日本からの開発依頼に対し）提示した費用の金額を最初に聞いたとき、そんな馬鹿なと私は思いました。なんと数億円というとんでもない値段を吹っかけてしまったんです。それで、ライバル企業に開発依頼は移るしかありませんでした」

しかしそれでも、その開発依頼は試作機に対するもので、導入される量産機には次の機会があった。そしてJR東日本は、本格導入する端末機器の開発を再びソニーに依頼してきた。これが最後のチャンスだと思った日下部は、ビットワレットに移っていたフェリカの開発部隊に「これはもう損得抜きで取らなければならない、絶対にやるべきだ」とハッパをかけた。ビットワレットのメンバーも同じ意見だった。

そうした雰囲気を創り出し動きだそうとしていた矢先、ビットワレットで定例の役員会が行われた。その席上、銀行系の役員たちは声を揃えて「なんでスイカと組まなければいけないんだ」と猛反対したのだった。つまり、エディはカードも端末機も単独で展開するビジネスだというのである。

これによって、JR東日本と組んでビジネスを行うという日下部の目論見は完全に息の根を断たれることになったのだ。

日下部の述懐――。

「あそこでＪＲと組めなかったことが、（エディの）そもそもの失敗だったと思っています。私は何回も（ソニーやビットワレットの幹部に）言ってきました。エディを単独のカードで出すことは、いわば『不死身の巨人（ＪＲ）と素手で戦っているようなものなんですよ』と。だって、彼ら（ＪＲ東日本）は、電子マネーで絶対に損はしないんですよ。するどころか、電子マネーが基盤になっているアプリケーション（電子乗車券）を持っているからこそ、どれだけ出費して端末をばらまくこと（インフラ整備）をしても運用コストと考えればいいだけのことです。決して、無駄にはなりません。それに対し、エディは端末の設置や販路の開拓などに膨大なお金がかかる事業をやろうとしているわけですから、競争相手にはなりません。でもいくら言っても、理解してもらえませんでした」

また、ＪＲ東日本に対し感謝の言葉を口にした。

「三木さんを始めＪＲ東日本のみなさんは、ソニーに対していつも紳士的でした。こちらのビジネスのことも考え、いろいろと配慮していただきました。最初から最後まで、ＪＲ東日本の紳士的な態度は変わることはありませんでした」

## ＮＴＴドコモとの提携

エディのサービス開始から遅れること二年半、二〇〇三年三月、ＪＲ東日本は従来の電子乗車券に加えて、固有の電子マネーを搭載した「Ｓｕｉｃａ（スイカ）」カードを発売した。プリペイド型電子乗車券だった従来のカードと区別するため、新しいスイカには「ペンギンマーク」が付けられた。

ＪＲ東日本は、新しいスイカ・カードを使って駅構内の活性化に乗り出す。キオスクや系列のコンビニ、あるいはさまざまな店舗でスイカ・カードが利用できるように端末を設置していったのだった。さらに電子マネーの手軽さが一般に認知されてくると、その勢いは駅周辺の店舗へと拡大していくことになった。

一方、その間のソニーの電子マネー戦略は、迷走し始めていた。

二〇〇三年十月二十七日、ソニーはＮＴＴドコモと合弁会社設立に関する共同記者会見を、都内の都市ホテルで開いた。ソニーからは会長兼ＣＥＯ（最高経営責任者）の出井伸之、社長の安藤国威、副社長の久多良木健ら経営首脳が顔を揃えた。ソニーにとっては、携帯電話業界のガリバー、ＮＴＴドコモとの初めての本格的な事業提携である。ソニーの経営首脳が顔を揃えたことからも合弁事業に対する意気込みと期待が感じられた。ＮＴＴドコモからは社長の立川啓二とｉモード企画部長の夏野剛らが出席した。

合弁会社「フェリカネットワークス」（資本金六十億円、ソニー六〇％、ＮＴＴドコモ四〇％）の主たる事業は、携帯用のモバイルフェリカ・チップ（ＩＣ）の技術開発、半導体メーカーに対する製造・販売ライセンス、及びその運用等である。ありていに言えば、カードだけでなく携帯にもフェリカ・チップを搭載して、電子マネーを始め電子乗車券、社員証・学生証などのアプリを使えるようにしたのである。

ただしビットワレットの電子マネービジネスとの最大の違いは、フェリカネットワークスは独自に販路の拡大、つまり端末機器を加盟店に配布することはしないし、加盟店相手のビジネスを行わないことだ。あくまでもビジネスの相手はフェリカ・チップを製造販売するメーカーかサービス提供事業者であり、そして彼らから料金を徴収するビジネスであった。これによって、フェリカネットワークスは多額な初期投資の負担から解放されるのである。

フェリカネットワークスはソニー独自の非接触ICカード技術「ＦｅｌｉＣａ」をプラットフォーム（共通基盤）として提供し、共通領域に入るサービス提供事業者から「管理費」という形で利益を受け取る。その意味では、日下部が当初目指したメモリを管理することで、トランザクション・フィー（情報処理の手数料）として利益を確保できないかと考えたビジネスモデルに近い。

合弁会社の社長をソニーから出すこともあって、挨拶に立った会長の出井は「電子マネーは、フェリカによって初めて（ビジネスとして）ヒットしました」と、ソニーの優位性を強調した。また、ＮＴＴドコモ社長の立川は「Ｅコマースに対する期待が高まってきています。それを携帯電話に活用したいと思いました」と合弁会社設立の意義を訴えた。

場内は活気に溢れ、出井を始めとするソニーの経営首脳の笑顔が絶えない和やかな雰囲気のなか、共同記者会見は無事終了した。

ただ記者会見で、ひとつだけ気になったことがあった。

それは、ソニーの出井にしろフェリカネットワークス社長に就任した河内聡一にしろ、あるいはNTTドコモの立川にしろ、提供される「FeliCa」のプラットフォームが「オープン」なものであることを強調したことである。とくにソニー側の気の遣いようは、並大抵のものではなかった。

たしかに携帯電話業界のガリバーであるNTTドコモとの業務提携は、ソニーのフェリカ事業にとって大きなビジネスチャンスである。しかし「親密すぎる」と、KDDI（au）とソフトバンクという有力携帯電話会社二社からソッポを向かれかねない。そうなれば、ドコモ以外の携帯ユーザーを顧客とすることは難しい。その点には、NTTドコモも配慮したようである。ドコモはフェリカ搭載の携帯電話及びそのサービスの総称を「おサイフケータイ」として商標登録したが、その名称を他社が自由に使用することを認めている。要は、解放したのである。

## ドコモの優位性

しかし「おサイフケータイ（モバイルフェリカ）」は本当にオープンで、NTTドコモ以外の携帯電話会社に対しても、ニュートラルなプラットフォームと言えるのであろうか。

モバイルフェリカのメモリは、左ページのような構造になっている。

モバイルフェリカでは、メモリ全体と共通領域の管理をフェリカネットワークスが行っている。電子マネーのエディやJALなど企業のサービス（アプリ）は共通領域に入れられるが、NTTドコモは特別な領域を持ち、そこに独自のインターネット接続サービスであるｉモードなどが入っている。

モバイルフェリカ・チップのメモリの内部構成

他方、ＫＤＤＩにもソフトバンクにも、ＮＴＴドコモと同じ特別な領域は用意されていない。

　ＮＴＴドコモは独自のエリアを持つことで、ＫＤＤＩとソフトバンクに対しアドバンテージを持つことになり、ドコモにしかできないアプリを展開できるようになっている。これが、フェリカネットワークスの大株主に与えられた特権のひとつである。もし共通領域があることでオープンだと言うのなら、それを認めてもなお、すべての携帯電話会社に広く開かれたモバイルフェリカではないことだけは確かである。

　どうしてソニーは、そのようなアンフェアなことを認めたのであろうか。

　伊賀章の回想——。

「フェリカに関しては、大賀さん（典雄元会長）はたしかに煽ったというか、応援されました。でも出井さんは、ほとんど関心がなかったですね。ですから出井さんは、フェリカについてほとんど知らなかったと思います。トップマネジメントでフェリカに関心があったのは、森尾さん（稔元副社長、技術担当）や金庫番だった伊庭さん（保元副社長、財務担当）たちです。お二人には非常にサポートしてもらいました。出井さんが急に元気になった（フェリカに関心を持つようになった）のは、ドコモが出て来てからです。出井さんは、ああいう政治的な話、派手な話が好きですからね。おサイフケータイでドコモと組めるとかね。記者発表の時は、ドコモの社長と並んで写真が撮れるじゃないですか。オープンなプラットフォームでなくなったのは、ドコモに取り込まれてしまったからです。ドコモ案件は、最終的に出井さんが絡んでいますから、ドコモと良い関係を作れば、将来はバラ色と思ったのかも知れませんね」

ここで「管理」の意味を、少し説明しておく。

モバイルフェリカのメモリを専用領域と共通領域に分けることは、そもそもひとつだったメモリを二つに分割することである。いわば、一軒家の中に壁を作って、独立した二つの家にするようなものである。当然、玄関も別々で固有な「鍵」が付く。こうして、互いのプライバシーを守ることで「二軒」の家にするのである。

この「鍵」が、フェリカのメモリに付けられているシステムコードである。メモリがひとつの場合、システムコードはひとつしかない。しかし分割すれば、専用領域を仮に「1」とすれば、共通領域は「2」という新しいシステムコードが与えられる。この分割する権限、つまりシステムコードを新たに作り与えることが「管理」の実態である。

さらに共通領域には、さまざまなサービス提供業者のアプリが入るので、共通領域をさらに分割する必要がある。いわば、一軒の家の中に複数の部屋を作るようなものである。当然、各部屋のドアには「鍵」が付いている。それは、「エリアコード」と呼ばれるもので、例えば、エディのエリアコードが「A」なら、JALは「B」といった具合である。これも、メモリを分割するという意味では「管理」にあたる。同じ家（同じシステムコード）に住んでいるので、部屋の住人は対等な関係で協力しやすい環境にある。

モバイルフェリカの上位管理者であるフェリカネットワークスは、こうした一連の作業の対価を、サービス提供事業者から「管理費」として徴収する。フェリカネットワークスはモバイルフェリカ・チップの製造も販売も直接行うことはないが、それが携帯電話会社に売れるたびに「管理費」という利益を手にするのだ。しかも市況の影響でモバイルフェリカ・チップの部材が高騰し製造コストが跳ね上がる心配や、搭載した携帯電話の売れ残りを心配する必要もない。

これは投資負担を極力抑えた、非常によく出来たビジネスモデルと言える。

しかし同時に、このビジネスモデルが携帯電話だけでなくカードにも及ぶものだったため、フェリカネットワークス設立以前から電子マネービジネス「エディ」を展開していたビットワレットとの間に問題を引き起こすことになった。

## ビットワレットの悲劇

ビットワレットは自前で専用カードを発行し、自力で加盟店を開拓し、販路拡大のため端末機器を格安の値段で提供するなど「エディ」普及のための企業努力を続けてきていた。とにかくエディによる電子マネービジネスの展開に関しては、誰の手も借りることなく自力で普及に努めてきたのだ。

それがある日突然、エディ・カードを発行するたびにフェリカネットワークスに「管理費」を支払わなければならなくなるわけだから、あまりに理不尽な仕打ちではないかとビットワレットが文句のひとつも言いたくなるのは当然である。

ビットワレットにすれば、フェリカネットワークスが自分のビジネスに何か手助けになるようなことをひとつでもしてくれるというのであれば、少しは得心する気持も出てくるかも知れない。例えば、フェリカネットワークスが自前でカードを発行し、そのカードにエディを搭載してくれるのなら、何らかの手数料を支払う必要は感じたに違いない。しかし現実には、何も変わらず「お金だけ」取られるわけだから、憤懣やるかたなかったであろう。

フェリカネットワークスが設立されるまで、フェリカ・チップのメモリの上位管理者はソニー自身だったから、子会社のビットワレットは管理費を払う必要はなかった。しかもエディ・カードを専用カードとして発行していたため、そもそも共通領域にいること自体を意識することもなかった。それゆえ、フェリカネットワークスが突然、上位の管理者として登場したことに対し、ビットワレットが戸惑い、憤慨したことは十分に理解できる。

しかし最終的には、親会社の決定に対し子会社が異を唱えたり、白紙撤回を迫ることなど出来るはずもなく、ビットワレットは「現実」を受け入れるしかなかった。そうした経緯を踏まえるなら、フェリカネットワークスに「管理費」を支払い続けなければならなくなったビットワレットには同情を禁じ得ない。

なぜ、こんな事態になってしまったのか。

それは何よりも、ソニーがＮＴＴドコモと合弁会社を設立したことで、メモリの上位の管理者がソニーからフェリカネットワークスに移ったからに他ならない。しかしなぜ、ソニーはＮＴＴドコモと組んだのか。

フェリカネットワークスの事業内容を見る限り、ＮＴＴドコモの技術を格別必要とするものは何もない。むしろソニーがフェリカネットワークスを単独で立ち上げ、ＮＴＴドコモを始めＫＤＤＩやソフトバンクなど電話会社（キャリア）各社とニュートラルな立場でビジネスを展開するほうが好ましい。というのも、自由な競争こそが市場を拡大し、ビジネスを大きくするからだ。ある意味、おサイフケータイのビジネスは最初から自由でフェアな競争を排除したものだったと言えなくもない。

ＪＲ東日本と組むことを拒み、単独での電子マネービジネスの立ち上げにこだわったソニーが、どうしてＮＴＴドコモとは合弁会社を設立する決断をしたのか。ドコモとの「蜜月」な関係を選択した理由として当時、二つの点が指摘された。

ひとつは、ソニーの経営首脳がおサイフケータイに限らず、有力企業・ＮＴＴドコモとのさらなるビジネスの拡大を期待したこと、もうひとつは市場に出回っている約七千万台のドコモ製の携帯電話すべてを「おサイフケータイ」に確実に切り替えるビジネスチャンス、つまりモバイルフェリカ・チップの大量販売を狙ったというものである。

またソニー内部では、NTTドコモとの合弁会社設立に関して、次のような説明もなされていた。「携帯電話に組み込まれたモバイルフェリカ・チップが不具合を起こしたら、携帯電話の回収という大問題になる。その場合、ソニー単独では巨額な費用に耐えられない。だからNTTドコモと合弁会社を作って、リスクを分かち合う必要がある。巨額な回収費用も出資比率に応じた負担となるから」

しかし、このような「リスク分散」を唱える社内の声に対し、モバイルフェリカ・チップの開発者の日下部は、こう反論する。

「私は、最初から組み込むのではなく着脱式(リムーバル)しかないと考えていました。モバイルフェリカ・チップが不具合を起こした時は、着脱式なら簡単に取り替えられますので、携帯電話を回収する必要なんかありません。それよりも(携帯に)組み込んだりしたら、機種交換する時や携帯が壊れて買い換える時などには、それまで利用していたデータを、いったいどうやって保存・継続するのだという問題が出て来ます。それを避けるためにも、私は着脱式しかないと考えていました。ですからいまは機種交換などのさい、チップ全体のデータを一度、フェリカネットワークスのサーバーに移し、新しく買った携帯にダウンロードするというやり方をしています。しかしこれは、個人情報を第三者が覗ける機会を設けているのと同じですから、セキュリティ上の問題があるのではないかと考えています」

日下部たち開発部隊は当初からメモリースティックやSDカードのように着脱式のフェリカ・チッ

プを携帯電話に装塡することを想定していた。ところが、最初から装塡するなら組み込んだほうがいいという話がワーキンググループから出され、そのまま組み込み式にすることが決まったという。

その背景には、ユーザーを囲い込みたいというＮＴＴドコモの強い意向があったと言われる。着脱式にすることによって、ユーザーが容易に他社の機種に乗り換えられることを嫌ったのである。

しかしユーザーから見れば、「組み込み式」は不便この上ない。フェリカ・プラットフォームはオープンだと主張するソニーだが、どうしても「おサイフケータイ」に関してはＮＴＴドコモに優位のように映って仕方がない。そのためか、ＫＤＤＩは「おサイフケータイ」の発売にとりあえず踏み切るものの積極的ではなかったし、ソフトバンクにいたっては消極的というか、拒否反応を示したと言われる。

フェリカネットワークス設立以降、ソニーはフェリカ・プラットフォームの提供によるビジネスの拡大にいっそう熱心になった。フェリカ・プラットフォームを使うことでサービス提供事業者がそれぞれ固有のビジネスを自由に展開することを勧めたのである。

しかしその結果、皮肉なことに「電子マネー」の乱立を促すことになってしまう。エディが専用のカードを発行したように、後発のライバルたちも固有の電子マネーを立ち上げたからである。

例えば、エディと同じプリペイド型の電子マネーカードとしては流通系の「ｎａｎａｃｏ（ナナコ）」（セブン＆アイ・ホールディングス）や「ＷＡＯＮ（ワオン）」（イオン）などが、交通系では「Ｓｕｉｃａ（スイカ）」や「ＰＡＳＭＯ（パスモ）」（首都圏の私鉄・地下鉄・バス事業者）などがある。

また、後払い式には「ｉＤ（アイディ）」（ＮＴＴドコモ）や「ＱＵＩＣＰａｙ（クイックペイ）」（ＪＣＢなど）、「Ｓｍａｒｔｐｌｕｓ（スマートプラス）」（三菱ＵＦＪニコス）などがある。いずれもクレジットカードからの引き落としになるので、クレジット会社との契約が必要である。この場合、クレジットカードに搭載されるか、おサイフケータイでの利用となる。

流通系の狙いは、来店客の消費傾向をデータとして蓄積したり、ポイント制（例えば、百円の支払いごとに一点を付与し、使う時には一点＝一円として使える制度）と連動させることで、小銭の用意をしなくてもいい使い勝手の良さと割安感とお得感で顧客を囲い込むことにある。新たなハウスカードにしたいというわけである。

クレジットカード系は高額決済にはクレジット（後払い）で、少額決済には電子マネーを提供するという両輪で顧客の囲い込みを狙ったものである。ＮＴＴドコモにとって、自社のおサイフケータイに自前の電子マネーを提供することは、新たな収益源の確保に繋がるし、他社のおサイフケータイとの差別化にもなる。

## 不便な電子マネー

いずれにしても、各社とも「かざす」（＝非接触）だけで決済できるという使い勝手の良さを利用して、新たなビジネス展開を目指していることは十分に理解できる。それゆえ、各社の自己主張が強くなるのは当然である。ただそのことによって、ユーザーが不便さを強いられていることには、各社ともあまり配慮がないように見える。

系列のコンビニ・チェーン「セブン-イレブン」の店舗ではナナコは利用できるが、エディしか持たないユーザーは電子マネーの利便性を享受できない。逆に、ナナコは系列外のコンビニ「ローソン」では利用できない。そのため当初、ユーザーは複数の電子マネーカードを所有する必要があった。

他方、電子マネーを発行する各社も加盟店の拡大に力を注ぎ、複数の電子マネーを利用できる店舗も増えてきた。例えば、エディは大手コンビニ・チェーンを加盟店にしたことで、ナナコしか使えなかったセブン-イレブンやファミリーマートでも利用できるようになっている。またセブン-イレブンではクイックペイも、ファミリーマートではスイカやアイディも利用できる。

しかしその結果、レジの横には各電子マネーに対応した端末機を設置しなければならず、コンビニなど狭いカウンターにも複数の端末機が並ぶことになった。しかも複数の端末の設置は、加盟店にコストの負担増を強いることになる。そのため複数の電子マネーに対応する端末機器の開発が進められ、順次、各加盟店に導入されている現実がある。

だからといって、問題がすべて解決したわけではない。

例えば、複数の電子マネーに対応したマルチ端末（読み取り機）といっても、ひとつではない。イオン系のスーパーなどに導入されているマルチ端末の場合、併設されている機器で「ワオン、スイカ、アイディ」などの電子マネーから自分が使いたい電子マネーを選び（所有している電子マネーカードを指示）、それからカードを端末に「かざす」。これで決済（支払い）は終わる。

おサイフケータイに複数の電子マネーを入れている場合は、まず端末に携帯をかざす。そうすると、タッチパネル式のモニター画面に、利用できる電子マネーがすべて表示されるので、使用する電子マネーを選び決済する。また、レジで事前に店員から使用する電子マネーを尋ねられるケースもある。

いずれにしても、決済それ自体は「かざす」ことで終わるから速いし、釣り銭の受け渡しや小銭の用意などを考える必要もないから利便性は担保されている。しかし決済までに余分な時間がかかることで、店内がお客で混んだ時はレジで渋滞が起こる可能性も否定できない。それでは、電子マネーを導入したメリットが薄れかねない。

だいたい、電子「マネー」と言うからには、現実の貨幣（マネー）同様、どの店でも誰もが自由に使えなければおかしい。あの店では使えるけど、この店では使えないでは、「マネー」とはとうてい言えない。

どうして、こんな事態を許すことになったのか。

同じフェリカのプラットフォームを使っている香港のオクトパス・カードのケースと比べると、その違いはビジネスの導入の仕方にあることが分かる。

フェリカの規格を採用した世界最初の非接触ＩＣカードは、香港のオクトパス・カードである。運用会社のオクトパス社は、非接触ＩＣカードの開発メーカーに対し採用にあたっての条件を提示したが、それはスペック（仕様）に関するものでなかった。第三章で触れたように、オクトパス社が提供するサービス、例えば、鉄道や地下鉄などの交通機関が一枚のカードで利用できること、あるいは決済に使う電子マネーも一種類であることなど使い勝手に関するものであった。ありていに言えば、このようなサービスを考えているのでそれに相応しい非接触ＩＣカードが欲しいというものである。「サービス事業（ビジネスモデル）ありき」から始まったのが、オクトパス・カードなのである。

それに対し、日本では「モノ（フェリカ・プラットフォーム）ありき」から始まっている。「オープン」なフェリカ・プラットフォームを使えば、決済に便利な電子マネーカードを発行することができるので、それを自社のビジネスに役立てたいと考えた企業がそれぞれ独自の電子マネーを作ったのである。まさに電子マネーの乱立は、企業のエゴの産物といえる。そしてそれを可能にしたのが、ソニーの「オープン」なプラットフォーム戦略だったというわけである。

## パスモの英断

しかし電子マネーの乱立が、まったく避けられなかったわけではない。

その可能性は、スイカ・カードとパスモ・カードがまったく「同一」のカードのように使われている現実の中にある。

前述したように、ＪＲ東日本はスイカ・カードに電子マネーとして「エディ」を搭載するつもりでいた。しかしソニーが拒否したため、ＪＲ東日本は独自の電子マネー「スイカマネー」を開発し、カードに搭載した。その結果、スイカ・カードに使われているフェリカ・チップのメモリは、共通領域を持たない構成になっている。

スイカ・カードのメモリは、すべてＪＲ東日本の専用領域である。メモリの上位管理者およびメモリの管理者も、ＪＲ東日本である。ソニーは、ＪＲ東日本の仕様にしたがって製造したスイカ・カードを納める（販売する）だけである。スイカを使ったビジネス（サービス）は、ＪＲ東日本で自己完結している。

電子乗車券と電子マネー機能を備えたパスモ・カードを発行し運営しているのは、首都圏の私鉄・バス事業者三十社を主要株主とする「株式会社パスモ」である。その「パスモ」は、首都圏の交通事業者（約百社）で構成される「ＰＡＳＭＯ協議会」で決定された事業内容を実行する組織でもある。

スイカ・カードとの「相互利用」は、ＰＡＳＭＯ協議会で事前に検討され、決定されていたことになる。その意味では、パスモ・カードはスイカとの相互利用を前提に発行が検討されたのである。

パスモがスイカとの相互利用を実現するために取った方法は、システムを同じにすることであった。パスモの専用領域にある電子乗車券と電子マネーの規格は、スイカのそれとほぼ同じである。もっと言うなら、パスモのメモリの上位管理者はＪＲ東日本なのである。

システムが同じであれば、相互利用は容易に実現できる。しかも券面をカード発行会社にすれば、カードとしての独自性も担保できる。パスモ・カードとして発行するだけでなく、パスモはスイカと違って共通領域を持っているので、例えば東武鉄道系列の東武百貨店が発行する東武カードにパスモを載せることもできる。会員証やポイント制など東武百貨店固有のアプリは共通領域に入れればいいからである。

スイカ・カードとパスモ・カードによる共同利用の実現によって、首都圏（東京都および埼玉、千葉、神奈川、茨城、栃木、群馬、山梨の各県）のほとんどの鉄道、都市部の路線バスが一枚のカードで通用するようになった。このことがいかに利用者のニーズに沿ったものであったかは、パスモ・カードが発売一カ月で在庫が品薄状態になり、発売を制限せざるを得なかったことからも分かる。

パスモのサービスは、二〇〇七年四月十八日から始まった。当初パスモ・カードは、〇七年度末までの約一年間で五百万枚の発行が見込まれていた。スタート時には四百万枚を用意し、定期券に三百万枚、通常に百万枚という割り振りだった。残りの百万枚は七月に納入される予定になっていた。ところが、発売から一カ月で三百万枚を売り切ってしまうのだ。あわてたパスモ側は追加発注をするとともに、発売を定期券に限定しなければならなかった。

ここで香港のオクトパス・カードの導入経緯を思い出して欲しい。

香港ではまずビジネスモデルを考えて、次に提供を予定しているサービスに応えられる非接触ＩＣカードの開発に取り組んでいる。しかも運用は、特定の企業に依存するのではなくサービス提供事業者が出資した「オクトパス社」が担当している。だから香港では、一枚のカードで地下鉄に乗り、コンビニで買い物をすることも可能になった。香港よりもサービスの種類や規模は小さいが、日本でオクトパス社に相当するのが、運用会社の「パスモ」である。

しかし香港と違って、電子乗車券と電子マネー機能を備えた非接触ＩＣカードには先駆者がいた。ＪＲ東日本のスイカ・カードである。パスモ側の英断は、カードの共通化ではなく「相互利用」を選んだことである。共通化は、違うシステムのものを共に利用できるように改良することだから、スイカ側のシステムにも改良を求めなければならない。

それゆえ、相互利用は二度手間を省くとともに、私鉄や地下鉄との乗換駅、ターミナル化しているJR山手線の新宿駅や池袋駅、渋谷駅など主要駅を利用する乗降客のスムーズな移動を可能にする最善の選択だったといえる。

ただしJR東日本の「管理下」に入ることを意味するから、パスモ側があくまでもメンツにこだわれば、おそらく実現しなかったであろう。

スイカやパスモ以外にも、フェリカ・プラットフォームを利用した「鉄道系」などと呼ばれる非接触ICカードには、JR北海道の「Kitaca（キタカ）」やJR東海の「TOICA（トイカ）」、JR西日本の「ICOCA（イコカ）」などがある。しかしそれらのエリアでは、システムが違うため当初、スイカは利用できなかった。その後、同じJRグループということもあって、順次、共通化が図られている。利用客にすれば、あまりにも当たり前すぎる作業である。各鉄道事業者の都合があったとはいえ、最初から「相互利用」が図られていれば、どれほど利用客にとって便利であったろう。

## 読み間違えた戦略のツケ

電子マネーの乱立は、まず「モノ（製品）ありき」から始まるビジネスモデルの限界を象徴している。日下部によれば、フェリカとは、さまざまなサービスを入れる「器（うつわ）」にすぎない。その器を利用するさい、決済のアプリである電子マネーだけは共通の基盤となるところにないと、誰もサービスを提供しないのではないかと考えたという。だから、電子マネーはどのサービス提供業者も使える（ニュートラルな）ものでなければならなかった。そのため日下部は共通領域を作り、そこにエディを置くようにしたのである。

日下部の述懐――。

「本来、共通領域に入る電子マネーはひとつに絞るべきだったと思うんです。だけども、エディが出来て単独でビジネスを始めてしまいましたから、それを見て共通領域に電子マネーを載せられるということが皆さんに分かってきたため、各自（カード発行業者）が独自のブランド、独自の方式で電子マネーをどんどん発行してしまったのです。それで、電子マネーが乱立したわけです。エディは本来、みんな（サービス提供事業者）が支えなければならなかったのですが、単独になってしまったから支えようもなくなったんです。ソニーでもグループ企業で協力していけば、新しいビジネスが展開できたと思います」

フェリカ・プラットフォームは、本来なら電子マネーが付属した「器」としてサービス提供業者に利用されるものであった。その決済アプリだけが、単独のビジネスとして独り歩きを始めたことから、ソニーのフェリカ・ビジネスは日下部たちが目指した目的から大きく外れることになった。それもこれも、ソニーのマネジメントがフェリカの本質を理解しない、あるいはネットワーク・ビジネスに対して明確な戦略を持ち得なかったことに起因している。

戦術の間違いは戦略で補えるが、戦略の失敗は戦術では補えないとはよく指摘されることだが、ソニーのフェリカ・ビジネスはその好例と言えるであろう。

# 第6章　先駆者たちの離脱

二〇〇七年は「電子マネー元年」と呼ばれた。

三月に「パスモ」のサービスが始まったのを皮切りに、四月には「ナナコ」と「ワオン」という二大流通系の電子マネーカードが発行され、「乱立」の様相を呈してきたからである。とくにパスモ・カードが当初の見込み以上に売れて発売制限に追い込まれたことは、電子マネーに社会の耳目が一挙に集まる契機となった。

新聞を始め各メディアは相次いで「電子マネー」を取り上げ、これから始まる激しい利用客の争奪戦や市場の成長性などを競って伝えた。

〇七年当時、電子マネーカードで先行していたエディのカード発行枚数は約二千九百万枚、スイカが約二千万枚である。後発組のパスモとワオンは二年間でそれぞれ約一千万枚、ナナコが同じく二年間で八百万枚の発行が見込まれていた。単純計算しても、二年後には最低でも七千七百万枚以上の電子マネーカードが市場に出回っていることになる。国民の二人にひとりは持っている勘定だ。

野村総合研究所では、電子マネー市場は二〇〇六年度一千八百億円だったものが翌〇七年度に六千九百億円、二〇一一年度には二兆八千億円にまで急速に拡大すると予想したほどである。

しかし電子マネー「市場」といっても、そこで何か新しいビジネスが生まれているわけではない。それまで現金で買っていた（決済する）ところを、電子マネーが取って代わるだけの話だからだ。

二〇〇七年三月末時点で、国内の通貨流通高（実際に流通している通貨量）は八十兆三千八百十六億円だった。そのうち少額決済に使われる貨幣は四兆四千八百七十五億円と見られた。それゆえ、約四兆五千億円が電子マネーに取って代わられる可能性のある金額（市場）ということになる。将来的には、約四兆五千億円まで電子マネー「市場」は拡大すると見込まれていたわけである。

いずれにしても、電子マネーが一躍、社会の脚光を浴びたことは間違いない。

宅配業者の依頼から始まった無線ＩＣタグの開発が、ソニー独自の非接触ＩＣカード技術「フェリカ」を生み、それは電子乗車券や電子マネー、電子チケットなどのサービス（アプリ）を提供する新しい商品となった。

しかしスイカ、パスモ、エディ、ナナコ、ワオンなどの電子マネーカード（非接触ＩＣカード）や、携帯電話に搭載されているおサイフケータイ（アプリに、モバイルスイカやiD、クイックペイなど）がフェリカ（規格）というプラットフォームで作られていることは、一般的にはほとんど知られていなかった。

## そして、誰もいなくなった

開発開始から二十年後、「電子マネー元年」と呼ばれるほど非接触ICカードが認知されるまでになったとき、フェリカの開発責任者だった日下部進は、すでにソニーを離れていた。NTTドコモがおサイフケータイ仕様の携帯電話を発売した二〇〇五年七月に退社していたのである。

退社の理由を、日下部をこう振り返る。

「（辞めたのは）思い通りにならなかったということが、まず一番大きな理由だろうと思います。最初は、ハードウエア（非接触ICカード）を売るビジネスしか考えていなかったんです。とにかく（非接触ICカードを）作ることで精一杯でした。でも香港で初めて売ったあと、ボックスビジネス（物販）の限界をつくづく感じました。だから、日本で始める時には、オペレーター（運営者）になるか、オペレーターと一緒にビジネスをしなければ生き残れないと思いました」

しかしソニーの経営陣は有力なオペレーターであるJR東日本と組むことを拒否し、単独のビジネスに走った。電子マネーカード「エディ」を発行し、JR東日本の「スイカ」のライバルになったのだ。他方、メモリの管理というソニー単独で出来るビジネスを始めるにあたっては、NTTドコモと組んで合弁会社「フェリカネットワークス」を設立し、利益を分け合う道を選択する（その後、JR東日本も約五パーセントの株を保有）。

なぜJR東日本とでは組めなくて、NTTドコモとならいいのか——この判断基準の明快な答えを私はまだ得るには至っていない。しかしソニーのフェリカ・ビジネスが日下部の考えとまったく違う方向へ走り出したことだけは、確かである。

日下部は、さらに言葉を継ぐ。

「私が目指したのは、エディとフェリカネットワークスを合わせたビジネスでした。そして最初に考えたビジネスモデルが、AVCSD（オーディオ・ビジュアル・コンテンツ・スーパー・ディストリビューション）です。デジタルネットワーク時代に大切なのは、コンテンツ（映画や音楽などの作品）は売らないことです。売るのはライツ（視聴する権利）で、映画や音楽などはデータとしてコピーさせていいんです。つまり、ライツを管理するビジネスです。だけども、コンテンツ屋さんにはなかなか理解してもらえず、ソニーの中でも次から次へと変なシステムが出来上がっていきました」

日下部の考えは、クラウドコンピューティングと似ている。

クラウドコンピューティングとは、必要最低限の接続環境（パソコンなど）があれば、インターネットを通じて日本語ワープロや表計算、資料の作成などのソフトウエア、あるいはデータ蓄積のメモリなどを利用できるサービスの形態を言う。インターネットの向こう側にあるサーバーに、それまで利用者自身が持っていた必要なソフトや保有・管理していたデータなどが置かれており、それを必要な時にネットワークを通して利用できる仕組みなのである。しかも具体的なコストは、利用料だけだ。

それゆえ、クラウドコンピューティングが中小企業など体力の弱い企業間で急速な広がりを見せているのは、従来と比べてはるかにコストがかからないからである。

日下部のAVCSDの考えは、コンテンツをインターネットを通してパソコンやテレビなどAV機器で購入するさい、支払いを電子マネーで行うと同時にフェリカで個人認証と機器認証も行うため、かりにダウンロードしたコンテンツを紛失したとしても実際に購入したのはライツなので、いつでも何度でもダウンロードして同じコンテンツを入手できるというものだ。

またダウンロードしなくても、ライツがあるのだからストリーミングでもコンテンツを楽しむことができる。例えば、宿泊先にフェリカ・ポートのようなリーダーが付いたAV機器類があれば、フェリカで個人認証を行い、ライツを購入したコンテンツをストリーミングで楽しめるのだ。ありていにいえば、ライツさえ購入しておけば、世界中のどこにいても対応機器さえあれば、コンテンツを楽しめるのである。

極論するなら、個人認証さえ出来れば、別にフェリカ・カードにこだわる必要はなかった。必要な処理はすべてインターネットの向こう側で、つまりサーバーで行われているからだ。それゆえ、個人認証にはカードである必要はなかった。指紋であれ何であれ、個人が識別できるものであれば、それでいいのだ。

そこで日下部が考えたのが、バーチャルフェリカである。

カードにしろ携帯電話にしろ、搭載されているフェリカ・チップで、すべての処理が行われている。それを、インターネットを通してサーバー上で行うようにするのがバーチャルフェリカである。しかしこれを実現すると、カードもモバイルフェリカ・チップも売れなくなるというか、売る必要がなくなる。そのためソニー社内では、フェリカ事業の関係者から「商売の邪魔をする気か」と猛反発を食うことになった。

ボックスビジネスからの脱却にはフェリカは最高のツールなのだが、ソニー経営陣の関心事は、カードが何枚売れたか、チップが何個売れたか、であった。そんなソニーに失望した日下部が見切りを付けて会社を辞めたとしても、それはそれで理解できないことではない。

日下部は、社外にチャンスを求める道を選ぶ。

フェリカ・プロジェクトのリーダーだった伊賀章は、日下部のソニー退社から四カ月後の二〇〇五年十一月、「日本イノベーター大賞」(日経BP社主催)を受賞した。受賞理由には、非接触ICカード技術「フェリカ」の開発を率い、電子マネーの発展に大きく貢献したことが挙げられていた。

この受賞によって、フェリカは外部で初めてきちんと評価されたのである。

伊賀の回想――。

「私は、日経ビジネスの記者がフェリカのこと、電子マネーの中身がフェリカだということをよく知っていたなと思いました。あとで編集部の人に聞いたことですが、最初は集められた候補リストの中にフェリカは入っていなかったそうです。そうしたら、選考委員のどなたかが、『対象リストからフェリカがもれているんじゃないか』と言われたそうです。それで候補に挙がったらしいです。一九九八年にフェリカ・プロジェクトが事業部に移ってから、私はまったく関与していません。技術屋は開発したものが収益に貢献しだした頃には、そのビジネスに関係していません。というか、そのメンバーにはもういないでしょう。それが、技術屋だと思います」

伊賀はフェリカ・プロジェクトから離れたのち、「情報技術研究所」の所長に就任している。そして、役員定年を迎える前の二〇〇八年に退社する。

しかし伊賀の退社の経緯は、意外なものだった。

「中鉢さん（良治ソニー社長、当時）から『（世代交代のため）替わりなさいよ』と言われましたので、それ（若返り）はいいことなので承知しました。ただしラインから外れたら、あまり会社にはいたくないなと思っていました。中鉢さんは『役員定年までいてくれてもいいよ』と言って、コーポレイトフェローという肩書きを用意してくれましたが、私は『そんな名前は要りません、辞めますよ』と言って、辞めたんです」

コーポレイトフェローとは、建前上は自由な立場で研究を進めたり、会社全体の研究を見ることになっているが、研究現場（ライン）を離れた人間に口を挟む余地はないし、誰もそんなことは期待していない。いわば定年までの食い扶持を与えるから、その間に退職後の生活を考えなさいという準備期間とでもいうようなものだ。長年エンジニアとして研究の第一線に立ってきた伊賀にすれば、仕事もせずに給料だけをもらう生活など考えられなかったのであろう。

こうして、ソニーからフェリカ・プロジェクトのリーダーと開発責任者の二人が去ることになったのである。もはやフェリカ・プロジェクトの原点を知るものは、ソニー社内には誰もいなかった。

## エディの身売り先

二〇〇九年十一月五日、ビットワレットとインターネット通販大手・楽天から資本提携に関する記者発表があった。楽天がビットワレットの行う第三者割当増資を約三十億円で引き受ける、つまり過半数の株式を取得（子会社化）し、電子マネー事業に本格参入するというものだ。ソニー（グループ）に代わって、楽天がビットワレットの経営、電子マネー事業（エディ）を引き継ぐのである。

ビットワレットは〇一年の電子マネー（エディ）のサービス開始以来、加盟店の開拓・拡大に努めてきた。当初、三十万円以上はしたと言われる端末（読み取り機）を加盟店拡大のための先行投資と判断し、格安の価格でのレンタルに踏み切ったのもそのためである。しかし電子マネーのビジネスモデルは、クレジットカードのそれと同じで手数料収入によるものだ。

クレジットカードが高額商品の購入に使われるのに対し、電子マネーはあくまでも少額決済が中心である。しかもクレジットの手数料が五パーセント程度なのに、電子マネーは三パーセント程度である。電子マネーは頻繁に使われないと、利益の確保が難しいビジネスなのである。

それゆえ、ナナコやワオンなどの流通系の電子マネーは手数料収入よりも、ポイント制による顧客の囲い込みや、購買履歴から新しい商品開発に役立てるなど本業に利用することが本来の目的になっていた。また、電子乗車券機能を持つスイカなどの電子マネーカードも、朝夕のラッシュ時の出改札における混雑解消などが本来の目的である。エディ以外の電子マネーカードはそれだけでは採算を考えていなかった。

しかもエディは、固有のアプリを持たない。だから、エディで決済した額の一定をマイルに置き換えられるANAカードとの提携は、利用客には非常に魅力的でエディが普及する最初のキッカケになったのである。その意味では、利用回数を増やすには「他力本願」の面があることは否定できない。しかしANAが何らかの理由で、エディとのマイル交換サービスを止めたならば、どうなるか。これまた、エディだけでは解決のしようのない問題である。分かっていることは、以前のようには利用客がエディを積極的に使わなくなることである。

そのうえ、スイカのように日常的に持っているカードと、エディのような「持っていたら便利」というカードでは、前者のほうが優位なのは明らかである。

日下部が危惧したように、インフラ整備の投資負担はビットワレットの経営に重くのしかかり、加盟店を拡大し決済金額が増えても設立以来続く赤字を解消するまでには至らなかった。むしろ赤字は減るどころか増える一方であった。その赤字を補うために、さらに加盟店を増やそうとして端末の設置などのインフラ整備に拍車をかけるという負のスパイラルに落ちていったのだった。

しかもビットワレットは、赤字のため金融機関からの融資もままならず、増資という形で資金を調達するしかなかった。設立の翌〇二年に約二十一億円、〇三年には約六十億円、〇四年には約八十四億円と毎年のように増資を続けた結果、〇九年九月末には資本金は三百九十三億円までにも膨らんでしまっていた。わずか九年で設立時の資本金五十億円の八倍近い数字である。

ビットワレットの経営は、増資という「輸血」を受け続けないと成り立たなくなっていたのである。それは「手段」をビジネスにした結果でもあった。

しかしビットワレットが楽天の連結子会社になったことは、電子マネー「エディ」にとっては幸運な選択であった。というのも、それはエディが固有なアプリ（サービス）を持つことであり、電子マネー本来の姿に戻り、生き残る可能性が高まったことを意味したからである。

楽天は、仮想商店街「楽天市場」を始めとするインターネット通販のサイト会員を六千万人以上抱えている。そして会員に対して、購入金額に応じたポイントを付与するサービスを展開している。

そのとき、決済手段にエディを使うことを推奨し、別途特典を付けるなどすれば、エディのプレゼンスは高まっていく。また、楽天の会員カードにエディを搭載すれば、決済手段としてだけでなく会員のＩＤとしても使える。

## 電子マネーの淘汰

二〇一〇年五月末時点でのプリペイド式電子マネーカードの発行枚数は、一億三千万枚を超える。そのうちエディの発行枚数は、約六千万枚。スイカが約三千万枚で、パスモが約一千五百万枚と続く。利用できる店舗数でも、エディはトップの約二十二万店（約十六万カ所）を確保し、二位のスイカ（約九万八千店）以下、ライバルたちを圧倒的に引き離している。つまりエディは、電子マネーの中で圧倒的に優位な地位にあると言っていい（数字は「日経流通新聞」二〇一〇年六月二十八日付から）。

しかしひとたび、その利用状況を見ると立場は一転する。

エディの月間利用件数が二千九百万件に対し、発行枚数で五倍以上、利用可能な店舗数で四倍近く差を付けられているナナコが四千五百万件でトップに立つ（数字は、前出）。また、日本銀行が行った電子マネーの調査（二〇一〇年二月十一日から三月九日。成人以上の男女二千二百八十四名回答）によれば、実際に使用している電子マネーとしてはスイカが三七パーセントでトップ、二位はパスモの二四・三パーセント、ワオンの一七・四パーセント、そしてエディの一七パーセントと続く。

これらは、固有のアプリ（電子乗車券やポイント制など）を持つカードと、エディのような電子マネーだけのそれとの相違に起因するものである。

それゆえ、楽天の傘下にビットワレットが入ることで、「まず電子マネーありき」ではなく「ネット通販」というアプリありきから始めることによって、その差を縮め、電子マネー本来の優位さをエディが取り戻す可能性が出て来たといえる。

ネット通販を利用するとき、その決済手段に電子マネーのエディを利用する。リアルとバーチャルな世界でエディが使われれば、利用回数は飛躍的に増大する。エディの手数料収入の拡大につながり、ビットワレットの経営の安定化にも貢献するというわけである。

ソニーは「高い授業料」を支払うことになったが、エディを電子マネー本来の姿に戻す決断をしたことは、今後の電子マネービジネスに一石を投じたと言えるかも知れない。というのも乱立する電子マネーの現状は、利用者側にすれば、どこでも誰もが使えるはずの「マネー」から程遠く、いずれ再編にしろ自然淘汰にしろ、解消されるべきものだからである。

そのさい、サービス提供事業者が電子マネーの発行会社を呑み込んだ楽天のケースや、スイカのような固有のアプリを持つ大手の電子マネーが他の電子マネーを傘下に置くことで「共通化」あるいは「相互利用」を図っていく流れ、あるいは電子マネー同士の統合などの動きが活発化していくと考えられる。楽天とビットワレットのケースは、そうした流れを先取りしたと言えるであろう。

二〇一〇年一月二十一日、楽天社長の三木谷浩史がビットワレットの社長に就任した。同時にビットワレットの役員に就任するため、楽天から二名の幹部が派遣されている。ソニー出身の社長は退任し、楽天主導の電子マネー「エディ」の新しいビジネスが展開されることになった。

## 電子マネー、サービスの行方

ソニーが一九九七年に香港のオクトパス・カード用の非接触ICカードの生産を始めてからフェリカICチップの累計出荷数は、二〇一〇年六月末で四億六千万個を突破した。そのうちおサイフケータイに使用されるモバイルフェリカICチップの出荷数は、一億五千二百万個である。単純計算すれば、おサイフケータイ仕様の携帯電話が、一億五千二百万台発売されたことになる。

おサイフケータイでは、後から欲しいサービス（アプリ）をインターネットを通じてダウンロードできるというメリットがあり、電子マネーも複数持つことができるので電子マネーカードよりも有望と思われた。おサイフケータイは、多くのサービスを入れられるという意味でキラー・アプリになる可能性があった。

ところが、インターネットユーザーを対象にした「電子マネーに関する定期調査」（第四回、〇八年十月二十日～二十三日）によれば、おサイフケータイ仕様の携帯電話を所有する人のうち電子マネーを利用しているのは、わずか二八・六パーセントしかいないことが分かった。つまり、七割以上が利用していないのである（インターネットコム、ｇｏｏリサーチ調べ）。

一見、予想外の結果のように思えるが、じつは企業の現場ではそれを裏付けるような状態がすでに生まれていた。

ある大手メーカーで、営業の新人研修が行われた時のことである。

研修担当者が、研修の合間に「おサイフケータイを使っている人はいますか」と尋ねたところ、出席者五十名のうちひとりしかいなかったというのである。

「ビックリしましたよ。われわれのような中年ならいざ知らず、全員二十代前半ですよ。しかも全員営業なので外回りも多く、お客様に接する機会も少ないわけじゃありません。でも理由を聞いたら、なるほどなあと思いました。一番多かったのが、（電子マネーを）使えるようにする仕方が分からない、というものでした。あとは面倒くさい、おっかないというのもありました。おっかないというのは、ゲームのダウンロードもそうですけど、お金にかかわるアプリは入れたくないという人が、けっこう多かったですね。携帯のヘビーユーザーのような、携帯にアプリを何でも入れてその利便性に満足している人なら何でもないんでしょうが、そうでない人にはハードルが高いみたいでした」

たしかに、携帯電話で電子マネーを利用しようとすれば、購入したらすぐに使えるカードと違って煩雑な手続きが必要になる。例えば、携帯用のモバイル・スイカを利用する場合、まず会員登録が必要になる。そこで氏名、自宅の電話番号、携帯電話の番号、携帯のメールアドレス、パスワード、パスワードを忘れた時の合い言葉、支払にクレジットカードを利用する場合はその番号をフォーマットに従って書き込まなければならない。買ってすぐに自分の携帯の電話番号やメールアドレスなど正確に覚えていないので、作業途中で確認することもあるだろう。つまり、登録作業を中断して何度もやり直すことは避けられないのだ。

もしモバイル・スイカの登録アプリが入っていない場合は、専用のサイトに接続してダウンロードしなければならない。さらに必要な作業が増える。こうした手順は、他の電子マネーでもおおむね同じである。

こうなると、ここまでして携帯で電子マネーを利用する必要があるのかという疑問がわいてくる。前出の研修担当者も「買ってすぐに使えて、簡単に券売機でチャージできるスイカのほうがいいみたいでした」と言う。

もちろん、携帯電話を使い慣れている人にとって、クレジットで課金するならオートチャージができるおサイフケータイは魅力的だろうし、わざわざ出向いてチャージする必要のない「面倒さ」から解放されたと言える。

そういう意味では、当時はおサイフケータイが多くの人にとって便利な決済手段とはまだ言えなかったであろう。事実、新製品の発売のさい、おサイフケータイ仕様ではない携帯電話が、一番売れたりもした。

いずれにしても、利用者にとって大切なのは魅力的なサービスである。その代金の決済手段として電子マネーが存在する。それゆえ、魅力的なサービスが多ければ多いほど、電子マネーの利用回数も増える。

しかしカードにしろ、おサイフケータイにしろ、サービスを入れるメモリには物理的な限界がある。そして決済を含め一切の処理は、フェリカICチップで行われている。それらをインターネットの向こう側、サーバーですべて行うようにしたら、物理的な制限はなくなる。携帯電話にも、電子マネーのアプリをダウンロードする必要がなくなる。

二十一世紀がデジタルネットワークの時代なら、インターネットを通してすべての処理が可能になることも、そう遠い将来のことではあるまい。フェリカの開発者である日下部進が指摘したように、カードも携帯電話も不要の「バーチャルフェリカ」こそが、時代の要請なのではないだろうか。

# 第7章　ソニー・フェリカの迷走

ソニーのフェリカ事業は、スイカやパスモなど交通系の非接触ＩＣカードとフェリカＩＣチップの製造・販売が主要な収益源である。物販を中心とした収益構造は、フェリカ対応の非接触ＩＣカード「オクトパス」を香港で販売して以来、いまもなお変わらず続いている。その間、物販オンリーから抜け出すチャンスは何度か訪れたものの、ついに成功することはなかった。

もちろん、フェリカ事業はソニーの専売特許ではない。サードパーティの凸版印刷や大日本印刷などは社員証や会員証・ポイントカード、入退室のアクセスカード、電子マネー、電子チケットなど交通系以外の分野でフェリカ対応非接触ＩＣカードの製造・販売を行っている。

凸版印刷の山本哲久（情報コミュニケーション事業本部）は二〇一〇年当時、フェリカ事業の現況と将来性をこう話していた。

「民需用は、だいたい伸びきった領域に入ってきたかなと思っています。それでも私どもの（フェリカ関係の）事業は、（対前年比で）年率五パーセントから一〇パーセントぐらいは伸びています。他のビジネスがちょっと厳しくなっているので、けっこう稼いでいるほうなんですよ。それでも、かつてのような対前年比二〇パーセントという伸びはありません。数パーセントからマックス一〇パーセントぐらいです。そこは、カードの販売というよりもカードにかかわる周辺のサービスで儲けています。継続するサービスもあれば、一回で終わるサービスもありますので、今後は継続するサービスを増やす割合を大きくしたいと考えています」

凸版印刷では、自前の営業部隊が企業や団体などにフェリカ対応非接触ＩＣカードの売り込みをかけているが、反応がいいのは大学などの教育機関や公的な組織だという。大学では学生証に電子マネーのエディを載せたり、大学間で進む講義の乗り入れなどの利用を考えたサービスをつけていくことがポイントになってきている。

それに対し、流通業界への売り込みが一番厳しくなっている。

「（流通業は）収益がどんどん落ちていますので、明らかな集客効果が見込めないもの、認められないものは全部削除の対象になります。ナナコやワオンを発行している巨大スーパー・チェーンは維持できていますが、生協を含む中堅どころのほとんどで、磁気カードで運用していたポイント制を電子マネーカードに切り替えるという話は全部ポシャりました。最大の理由は、投資ができないということです。（流通業者から見れば）電子マネーとはいえ、基本的にポイントカードですから、タダで配るものですよね。電子マネーの導入によって、売り上げ効果や集客効果が見込めるのか、私たちが具体的な数字で示すことが出来なかったこともひとつの原因でした」

それゆえ、流通系企業の中には、電子マネー導入の条件として、集客力の五パーセント増を「担保」にするように求めるところもあった。

さらにフェリカ事業は、次のフェーズ（段階）に入ってきているという。

それについて山本は、こう指摘した。

「この十年間のフェリカの歩みの中で、いっせいに普及したのがナナコさんとかワオンさんの電子マネーカードや、パスモさんが発行された時です。とくにパスモさんは（スイカさんと）相互利用できるようになったことが非常に大きかったと思います。いまフェリカは、携帯まで含めると億を超える（発行）台数になっています。そのレベルに達しますと、お客さん（カード発行会社）を広めたのはいいけど、事業を成り立たせるためにはさらにどんな機能を提供できるのかというフェーズにどんどん移行してきました。かつマイフェアとか中国の製品や韓国にもよく似たピーマネという非接触ICカードがありますが、それらと比べるとフェリカ製品の価格は三倍も四倍も高い。そのため今では、その差別化はどうなっているんだというユーザーさんからの突き上げが激しくなってきています。とくに、お客さんのニーズに対応したアプリ、きめ細かなサービスを提供していかなければならなくなっています」

加入促進から運用促進へ——カード発行会社にとって、利用率を上げていかなければならない段階になったというのである。それは同時に、ソニーや凸版印刷のようなカードを販売してきた業者にとっても、物販ビジネスの限界、つまり買い換えやリニューアルしか期待できない時代になったことを意味する。収益の向上ためには、従来の物販ビジネスに加え、新たに周辺ビジネスの開拓が不可欠になってきていたのだ。

## 暗中のビジネスモデル

フェリカは日本では、すでに非接触ICカードとしてディファクトスタンダード（事実上の業界標準）の地位を確立している。しかし他にも、今後有力なライバルとして普及しそうな非接触ICカードが現れてきている。

その代表が、タバコの自動販売機の成人識別に使われている「TASPO（タスポ）」の「マイフェア」と、住民基本台帳カードに採用されている「eLWISE（エルワイズ）」の二つである。どちらも国際標準規格（ISO）で、前者はタイプA、後者はタイプBと呼ばれている。とくにマイフェアは、香港の新しい出改札システム導入のさい、フェリカと争って以降、しばしば世界各地で商戦を繰り広げている。マイフェアは欧州に強く、世界的にも有名な非接触ICカード技術である。

両者が行政系に採用されたのは、国際標準の規格であることが大きい。WTO（世界貿易機関）は国際標準の製品の採用を公的機関に強く求めているからだ。非接触ICカードの切り替えのさい、公的分野からフェリカ優位の状況が崩されていくことも今後ありうることだ。

そのような状況に対し、ソニーでも変化が起きていた。

二〇〇五年に経営体制が刷新され、会長兼CEOにハワード・ストリンガー、社長兼エレクトロニクスCEOに中鉢良治が就任して以降、フェリカ・ポート（読み書き機）が液晶テレビ「BRAVI

A（ブラビア）」やパソコンの「VAIO（バイオ）」に標準搭載されるようになったのだ。なお、他社のパソコンの一部にもフェリカ・ポートを搭載した機種が現れていた。

新しい経営チームのもと、ソニーはフェリカ独自のネットワークの構築を目指していたのだ。例えば、音楽配信や映画等の動画配信を利用してコンテンツを購入するさい、パソコンのフェリカ・ポートにエディを「かざす」だけで決済は終わる。もちろん、仮想商店街「楽天」でエディを使ってショッピングを楽しむこともできる。ただし、スイカやパスモなど交通系では、残高や履歴を確認することぐらいにしか利用できなかった。

いずれにしても、エディを利用して購入する商品がCDやDVDという目に見える「モノ」（物品）なのか、あるいは音楽や動画などのデータという目に見えない「モノ」なのか、の違いだけである。インターネットを通じての利用が高まれば高まるほど、フェリカを利用した非接触ICカードとICチップは、飽和状態に近づいていくことになる。将来にわたってフェリカ・ビジネスを続けていくには次のステップ、つまりボックスビジネス（売り切り）を超えた新しいビジネスモデルを創り出すことが不可欠である。もしそれが出来なければ、フェリカ・ビジネスは早晩行き詰まるしかない。

## ゴーサインはいつ

そのような状況を二〇一〇年当時、ソニーはどう捉えていたか。

フェリカ事業部長の大塚博正（業務執行役員SVP）は、こう答えたものだ。

「もともとフェリカのビジネスには、三つぐらいのレイヤー（層）があります。ひとつはカードやリーダーライターなどハードウエア（製品）の販売を中心としたものです。二番目は、フェリカネットワークスが行っているライセンスビジネス、メモリの管理ビジネスです。最後が、アプリケーションです。電子マネーや交通系を中心にフェリカが育ってきていますが、私たちがアプリを持っているわけではありませんので、ＪＲさんや大手流通業者さんが開拓されるアプリをサポートする技術・デバイスを提供させていただくという関係です」

さらに、こう言葉を継いだ。

「で、二〇〇八年にフェリカのビジネスを今後どう進めるかということで、もう一度検討し直しました。フェリカ対応のリーダーライターの普及、九百万台というフェリカ・ポートの家庭内への普及を含めてインフラが整ってきましたから、しかもテレビなどに繋がっていくという中で使っていただけるという意味では、フェリカは圧倒的な優位性があると考えています。だから、アプリ（サービス）をもっと考えたいと。ＪＲさんや大手流通さんとは違う、もう少し幅を広げたアプリという意味で、いくつかトリガーをかけていきたいと思っています。ただアプリをやる場合、必ずしもそれだけではなく、それに相応しいハードをうまく合わせて広げていくことを含めて考えています」

そのひとつとして、大塚は「フェリカ・ライト」を紹介した。

それは、他社製の非接触ＩＣカードと比べて高額なフェリカ・カードと違って、セキュリティ機能の簡易化などで低価格を実現した新しいタイプのものだった。例えば、会員証やポイントカード、一日限定の入場券、回数券など高度なセキュリティを必要としないサービス向けの商品というのだ。しかもフェリカ・ライトはシールの形にしてあるため、会員証などに貼るだけで「なんでもフェリカになる」と大塚は手軽さを強調する。

また、キャラクターフィギュアにも内蔵できるため、さまざまなイベントの入場券代わりにも利用できる、と大塚はフェリカ・ライトの利便性も指摘したのだった。

大塚たちフェリカ事業部では、フェリカ・ライトを「なんでもフェリカ、どこでもフェリカ」と名付け、身近さをアピールしている。ある意味、このセリフにフェリカ事業部の、いやソニーのセールスポイントが凝縮されていると言えるだろう。

このように「フェリカ・ライト」という新しいフェリカ製品（モノ）を売り出し、さらに新しいサービス（アプリ）が創り出されることを目指しているが、出来ればそのアプリもソニーが提供するようにしていくことまでを目指しているという。具体的な数字をあげるなら、フェリカ事業部長の大塚博正は三年から五年の間に売り上げに占める割合をハードとそれ以外で半々にまで持っていきたいと抱負を語った。

フェリカ・ポートを含むフェリカのネットワークが日々拡大しつつあった当時、ボックスビジネス（売却益）から大きく運用益（インカムゲイン）のビジネスへ切り替える、その取り組みを始めるチャンスでもあったはずだ。ならば、日下部進らが九〇年代に考えた「ＡＶＣＳＤ」による配信ビジネスへの取り組みは、彼がソニーを去ったあと、どうなったのであろうか。

もしＡＶＣＳＤへの取り組みが進められてきたとするなら、その技術的な準備は万全なのか。もしくはＡＶＣＳＤのアイデアは放棄されてしまい、まったくのゼロから始めるしかないのか——こうした私の疑問を、大塚に直接ぶつけてみた。

それに対し、大塚はこう断言した。

「技術的な問題は何もありません。もし（ＡＶＣＳＤのビジネスに）着手するなら、その技術的な準備はすでに整っています。ただ経営からのゴーサインが出ないから、始めていないだけです。コンテンツを管理するビジネスを始めるという経営判断がなされれば、いつでも取り組みを始められます」

しかし大塚は、私とのインタビューからまもなくフェリカ事業部長の職から離れる。その後、ソニーの経営陣がどのような経営判断に至ったのか、私は寡聞にして知らない。分かっているのは、ＡＶＣＳＤのビジネスには経営からのゴーサインは出なかったということである。フェリカ開発者の日下部進が考えた新しいコンテンツビジネスは、ソニーでは日の目を見ることはなかった。

## セキュリティ機能を「簡素化」？

ここでソニーのフェリカ事業が、大塚博正の事業部長退任後、どのように展開されていったのか——私の体験を踏まえ少し振り返ってみる。

まず大塚が自慢した「フェリカ・ライト」のビジネスは、すべてのベンダー（販売・供給業者）から諸手を挙げて賛成を得られたわけではなかった。

前述した通り、フェリカ事業はソニー以外にもサードパーティである凸版印刷や大日本印刷を始めとするベンダーも行っている。ただし、ソニーがフェリカ事業を展開していない、たとえば社員証や入退室のアクセスカード、電子マネーなどの分野でのフェリカ対応非接触ＩＣカードの販売とそのサービスの提供である。

そのベンダーの一社の役員は、大塚自慢のフェリカ・ライトのビジネスに対し、強い危惧をあらわにする。

「ソニーさんは、セキュリティ機能の『簡易化』という言い方をされますが、要するにセキュリティのレベルを落とすということです。私どもは、フェリカ・カードを他社の非接触ＩＣカードの何倍もの値段で販売しています。それほど高価格でもフェリカ・カードがなぜ売れるかといえば、フェリカが持つセキュリティの高さ、その信頼性がユーザーに評価されているからです。私どものセールストークも、フェリカの高度なセキュリティ機能、他社の非接触ＩＣカードと比べものにならないほどの安定と信頼性をアピールするようにしています。なのに、セキュリティのレベルを落としたフェリカ・ライトを売って何か問題が起きたら、フェリカ・ブランドは傷つき、本家のフェリカ・カードまでも売れなくなってしまいます。ですから、私どものところでは恐くて、フェリカ・ライトは扱えません。その辺のところを、ソニーさんはまったく考えておられない」

さらに彼は、セキュリティ技術に疎い素人の私のために、フェリカとフェリカ・ライトの違いを譬え話にして、こう説明した。

「ソニーさんが言われるセキュリティの簡易化とは、どういうことなのか。フェリカとフェリカ・ライトのセキュリティ（技術）を比べれば、分かりやすいでしょう。たとえば、フェリカのセキュリティは、世界でひとつの暗号記号で守られていると考えてください。つまり、フェリカ・チップ一枚ごとに世界でひとつの暗号記号が付けられているわけです。それに対し、フェリカ・ライトでは、同じ暗号記号が日本と米国と英国など国ごと、あるいは地域ごとに振り分けられます。考え方としては、日本でしか利用しないものは他の地域では使われないのだから、セキュリティもそれほど厳重にしなくてもいい、というものです。しかし問題なのは、販売するほうがそのつもりでも購入したユーザーが指定地域以外で利用された場合、あるいは利用されようとした場合、（ベンダーは）どうしたらいいのかというサポートが現在のところ、ソニーさんでは用意されていません」

ベンダーの言い分にも一理あるとは思うが、ここではフェリカのセキュリティ技術そのものについては踏み込まない。むしろセキュリティ問題を通して、ソニーとベンダーの両者にフェリカの普及という共通目的に対し微妙なずれが生じてきていることを指摘しておきたい。

ソニーがフェリカの廉価版「フェリカ・ライト」による低価格化で販路の拡大、つまり薄利多売で収益の拡大を狙ったのに対し、ベンダーの一社はフェリカの高度なセキュリティ技術を「セールスポイント」に高付加価値路線を堅持し、高品質高価格で安定した収益の増大を考えていたのである。フェリカ・ライトのビジネスは、ソニーが中鉢良治の社長時代に液晶テレビの「低価格路線」、つまり薄利多売に走って市場を混乱させるとともに痛い目にあったことを私に思い出させる。

その後もフェリカ・ライトのビジネスは続いているが、大塚が期待したような成果、あるいはフェリカ事業の柱になるまでに育ったと言えるかについての評価を、私は寡聞にして知らない。

## フェリカ・プラットフォームの社会インフラ化

その後、私がソニーのフェリカ事業の展開全般を取材したのは、二〇一五年に開催された「フェリカ・コネクト　二〇一五」と名付けられたビジネス展示会である。この展示会は、ソニーとフェリカネットワークスの両社が東京・渋谷の高層複合施設「渋谷ヒカリエ」で十月一日と二日の二日間にわたって開催し、《パートナー企業や参加企業との交流を深め、来たる二〇二〇年の東京五輪に向けて広がる新市場や新しいライフスタイルの共創に向けて、より強固な協力関係の構築を目指》（ニュースリリース、二〇一五年十月一日付）したものである。

要は、ベンダーや参入に関心を持つ企業に対するフェリカ関連商品とサービスの紹介、ならびに参加企業間の仲介も兼ねた「場」であった。

「フェリカ・コネクト　二〇一五」は、ふたつの会場からなっていた。ひとつは基調講演やフェリカ事業部長などのプレゼンテーションの舞台として、もうひとつは各ベンダー等によるフェリカ製品や自社のサービスを紹介する展示コーナーとして、である。

私が訪れた時は、フェリカ事業部長によるプレゼンテーションの真っ最中であった。そこで各ベンダーの展示コーナーから見学することにした。

フェリカを利用したビジネスには電子乗車券（ICカード乗車券）と電子マネーが有名だが、それ以外にも社員証や学生証、あるいは入退室管理などのIDとしても利用されていたし、チケットや会員証や健康機器・お薬手帳、家電製品などの分野でも広く普及しつつあった。

各コーナーを回っていると、突然、呼び止められる。思わず声がした方に顔を向けると、年配の男性から「ご無沙汰しております」と挨拶されたものの、すぐには相手が誰だか思い出せなかった。しかし彼と言葉を交わし始めると、私の記憶は蘇ってきた。

前述したように、フェリカの開発は大手宅配業者から求められた「自動仕分け」から始まっていたため私は当初、RFIDの取材にも時間を割いていた。男性はその時に私が取材したひとりであった。

ちなみに、RFIDとは、RFタグ（荷札）やICタグと呼ばれるメモリ内蔵の記憶媒体に名称や価格、製造年月日などの電子情報を入力し、それを無線通信などで読み取るシステムや技術のことである。電波が届く範囲であれば、RFタグの付いた商品なら離れていても複数（一括）の読み取りが可能なため、倉庫などで在庫管理に使われている。

技術面でいえば、スイカやパスモなどの電子乗車券やワオンやエディなどの電子マネーもRFIDに含まれる。

男性の会社は、フェリカ・チップを購入してRFIDのビジネスを展開していた。なかなか有力なベンダーの一社であったことも思い出した。そこで、最近のフェリカ・ビジネスの調子を聞いてみることにした。

「フェリカ・コネクトの展示会を見るとけっこう盛況ですが、あれからビジネスは順調でしょうか」

私は肯定的な反応を予想したのだが、逆に男性は苦笑しながらフェリカへの不満を率直に漏らしたのだった。

「フェリカのセキュリティが、このところまったく進化していないんですよ。フェリカの『売り』はセキュリティの圧倒的な高さですから、他社製品の三倍も四倍もの値段でも（私たちは）強気で商売できました。しかし最近は、肝心のセキュリティが強化されていないので……」

しかし不満を漏らす一方で、彼は対策にも抜かりはないことを自慢げに話した。

「じつは、いまはフェリカ・チップの代わりにパナ（パナソニック）のLSI（半導体チップ）を使っているんです。パナのほうが性能は良いし、値段も安いですからね」

つまり、フェリカの心臓部はパナのLSIに代用させているというのである。そのうえでフェリカ・ビジネスを展開しているのだ。なかなかしたたかなやり方である。彼にすれば、ソニーにいくら不満を言っても改善されないので自己防衛に走ったということになるのだろう。

彼の話を聞いていて、私には思い当たるフシがあった。

知り合いのソニーのエンジニアが転職したというので、その理由を尋ねた時のことを思い出したのだ。彼は、転職理由をこう説明した。

「（ソニーは）システムLSI（の開発）をやる気がないから、もう自分の居場所はソニーにはないと思ったんですよ。（半導体部門では）稼ぎ頭のイメージセンサの開発にヒトもカネも集中し、LSIの開発には回ってこなくなっていたんです。だから、自分がまだシステムＬＳＩの仕事（技術開発）を続けたいと思えば、ソニーを辞めて他に移るしかなかった。辞めたくて辞めたわけではありません。ソニーはいまでも好きな会社です」

残念そうに語る彼の表情が、しばらく私の頭から離れなかった。

イメージセンサとは、ＣＣＤやＣＭＯＳなどカメラやスマートフォンなどに使われる撮像素子のことである。別名「電子の眼」とも呼ばれている。ソニー製のイメージセンサは自社製品だけでなく、アップルの「ｉＰｈｏｎｅ（アイフォーン）」を始め他社のスマホなど多くの他社製品にも使われ、世界市場のシェアはトップである。つまり、ソニーの経営陣の考えは半導体部門はシステムＬＳＩよりもイメージセンサ事業にリソースを集中して、もっと利益を上げろというものである。

これでは、フェリカのセキュリティの改善が進むはずはなかったし、そのうちＬＳＩをソニー自らの手で作り出せなくなるのでは、と心配になった。

しばらくしたある日、私は思い切って信頼するソニーの元役員に「フェリカ・コネクト　二〇一五」での体験やソニーを辞めた半導体エンジニアの転職理由などを伝えた。フェリカの将来が心配でならなかったからだ。「いったい、どうなっているのですか。ソニーの経営陣はフェリカをどうするつもりなのでしょうか」と率直に訊ねた。

彼は「うーん」と言ったきり、しばらく沈思した。そして決心したのか、おもむろに意外な事実を語り始めたのだった。

「じつは、ＪＲ東日本の副社長を始めスイカ事業にかかわる経営幹部たちが（ソニーの）本社を訪ねてきたことがあったんだ。副社長はスイカ事業の担当役員（最終責任者）で、彼らの訪問目的は、聞くところによると、ソニーが持つフェリカ（事業）のすべての権利を譲渡して欲しい、つまりフェリカ事業はＪＲ東日本が責任を持って進めたいというものだったそうだ。対応したのは、フェリカ事業の担当役員（ＥＶＰ、専務に相当）の斉藤端だ。そのさい、どのようなやりとりがあったかは知らない。ただその後、何も動きがないので（斉藤が）断ったのだろう」

私はすぐに、ソニー本社を訪ねたＪＲ東日本の経営幹部の中に「椎橋章夫」がいたかを問い質していた。椎橋は、日下部たちがフェリカ・カードを電子乗車券としてＪＲ東日本の自動改札システムに採用されるべく奔走していたとき、運用面の責任者であった。つまり、ソニーにとってＪＲ東日本側の運用窓口としてスイカ開発に当初から関わった人材で、非接触ＩＣカード業界の有名人である。最終的には椎橋は、スイカ事業本部副本部長（兼企画部長）まで務めている。

ソニーの元役員も「椎橋章夫」の名前を知っていた。私の質問に対し、「（椎橋は）いたと聞いている」と答えた。

そのとき私は「ＪＲ東日本は、フェリカ事業の戦略もなければ、やる気もないソニー経営陣に愛想が尽きたのかな」と思った。

そのころ、ＪＲ東日本は将来あるべき姿として「総合技術サービス産業」というビジョンを掲げていた。つまり、従来のコア事業である鉄道業という交通インフラに加え、利用者の生活や暮らしの質を向上させるさまざまなサービスを提供する社会インフラ企業を目指すというものである。

社会インフラ企業としては駅構内のキオスクや売店、飲食店など（いわゆる「駅ナカ」と呼ばれるビジネス）と、駅周辺のホテルやショッピングセンターなどのビジネスを行う生活サービス事業、さらに電子マネーや認証システムなどのICシステムも挙げていた。鉄道業が経営の第一の柱なら、駅構内と駅周辺のサービス事業は第二の柱であり、スイカ事業は第三の柱という位置づけである。

この三つの柱は「総合」という冠の名のもと、互いに連動・補完し合い、それによって総合力を発揮する仕組みになっている。たとえば、JR東日本は一日約一千七百万人（年間約六十億人）の乗客を輸送している（二〇一八年度）。しかもこの膨大な輸送人数は、世界最大である。その世界最大の乗客数の輸送を、安全かつスピーディに行うことを可能にしているのはスイカを用いた自動出改札システムである。

しかもスイカは電子マネーとしては、当初のキオスクなど小規模の販売店から次第にコンビニや飲食店、書店、アパレル店などが集まるショッピングセンターへと拡大する「駅ナカ」ビジネスのキーデバイスとなり、来るキャッシュレス時代に先駆ける役割を果たしていた。スイカ一枚あれば、乗客は駅構内からわざわざ外へ出ることなく、ショッピングや飲食などを楽しむことができるようになったのだ。

さらにJR東日本の戦略性の卓越さは、スイカ事業を自社内に囲い込んで利益の独占を狙わなかったことにある。むしろ逆に、より多くのパートナーを求め利益を共有することでスイカの社会インフラ化を加速させたのだった。

たとえば、電子乗車券にしろ電子マネーにしろ、ソニーが開発した非接触ICカード技術「フェリカ」に基づいて開発されている以上、相互に利用できることは当然である。しかし当初、顧客を囲い込むためわざわざ相互利用できなくしていた。それが、既述した通り、電子マネーが乱立した主因である。同様に、同じJRグループの会社であっても、JR東日本とJR東海の電子乗車券は相互利用が出来なかった。

唯一の例外は、最初からスイカとの相互利用を前提に開発された「パスモ」である。パスモ一枚あれば、首都圏の私鉄・地下鉄、民営・都営バスなどの交通機関に加えて山手線などのJR東日本の交通網が利用できたし、各駅の「駅ナカ」や周辺の施設も利用できたので、パスモは当初の予想を大幅に上回るカード数を発行することになった。つまり、相互利用はユーザーの誰もが望んできた利便性なのである。

そうした不便な状況を打開するため、JR東日本はまずJR各社を始め鉄道系のカード発行会社に「相互利用」を呼びかけたのだった。その結果、私が取材した「フェリカ・コネクト 二〇一五」の開催時には、国内にあった交通系のサービスを提供する事業者が集まった十の運営組織で相互利用が実現していた。

これによって、交通系のカードは全国にある約九千駅のうち約四千三百駅が対応することになり、人口カバー率は約八割にまで高まった。なお、JR東日本の呼びかけに応じた参加事業者は、百四十社以上にも及んだという。

こうしてJR東日本は、スイカ及びスイカのプラットフォームの社会インフラ化を推進していったのである。そのことは同時に、フェリカのプラットフォームの社会インフラ化にも繋がった。つまり、サービスを含む多様なフェリカ事業を拡大推進する実行力と戦略を持っていたのは、フェリカを開発したソニーではなくJR東日本だったのだ。JR東日本には「総合技術サービス産業」というビジョンがあり、それに基づく戦略に沿って着実にスイカ（フェリカ）の社会インフラ化を進めていたのである。

一方、ソニーがフェリカ事業に関してJR東日本と同等の戦略を持っていたとは、とても言い難かった。たとえば、JR東日本はスイカとの相互利用を鉄道系のカード発行会社にまず呼びかけたが、同時にスイカの開発で協力関係にあったソニーにも声をかけている。ところが、肝心のソニーは、JR東日本の呼びかけを断ってきたという。

前述したように、エディの運営会社「ビットワレット」（ソニーの子会社）は加盟店を増やすために端末（カード情報の読み取り機）を格安で販売している。しかし加盟店は増えたものの、エディの利用回数が予想した通りには増えなかったためコストを回収できず、経営が悪化し莫大な負債を抱え再建途上にあった。つまり、ソニーの経営陣は、スイカとの相互利用に必要なエディ専用端末のソフト書き換えのための費用、追加投資を嫌ったのである。

たしかに、財務の健全化という意味では、コストを抑えることは大切である。しかし電子マネーとしての「エディ」の将来を考えたとき、ＪＲ各社および大手私鉄の主要駅で展開される「駅ナカ」でエディが利用できるようになることは、業績アップのための不可欠な投資であり、そして最大のチャンスであっただろう。

ところが、ソニー（実務上はビットワレット）の経営陣はエディ普及と利用拡大が確実に望める機会を活かそうとはしなかった。考えられる理由は、経営陣には電子マネーとしてのエディの将来像を描く力も、それに基づく戦略を立てる力もなかったということである。無策の果てにエディを楽天に売却することになるが、もしＪＲ東日本の呼びかけに応じていれば、楽天に売却することになったとしても「楽天市場」というネット商店しか持たなかった楽天にとって「駅ナカ」というリアルな店舗網を利用できるエディの評価はさらに高まっていたことは間違いない。

## ソニーとの直談判

ここでＪＲ東日本のスイカ事業の担当役員らがソニー本社を訪ね、「ソニーが持つフェリカ（事業）のすべての権利を譲渡して欲しい」と申し入れた件について、その意味を改めて考えてみたい。ＪＲ東日本がソニーに譲渡を求めた「すべての権利」とは何か、その具体的な内容である。

ソニーのフェリカ事業の主要な収益源は、「物販（モノ売り）」である。フェリカ・カードをＪＲ東日本など鉄道会社に、フェリカ・チップ（モバイルフェリカ）をＮＴＴなど携帯電話事業者（キャリア）に販売することである。それと子会社のフェリカネットワークスが、ベンダーやサービス提供事業者からメモリの「管理費」の名目で得る収益（インカムゲイン）である。

ＪＲ東日本はフェリカ事業の物販には関心がないから、フェリカネットワークスが保有する権利の譲渡を狙ったことは明らかである。その権利とは、フェリカ・カードとフェリカ・チップのメモリを管理することである。そしてフェリカネットワークスは、メモリを管理する唯一の組織でもある。

次に「メモリの管理」の意味を、技術や収益の面からではなく、その機能から考えてみる。フェリカ・カードやフェリカ・チップは、ソニー以外でも製造・販売されている。サードパーティの凸版印刷やベンダーの大日本印刷など複数の企業が、ソニーだけに許されている鉄道系やキャリア以外のユーザー企業に販売している。

前述したように、フェリカ・カードは電子乗車券や電子マネー以外にも、社員証や入退室管理などのＩＤとして、またコンサートなどのチケットやイベントの入場券、健康機器・お薬手帳など広い分野で使われている。

このように広範囲に普及したフェリカ・カードを、メモリを管理することでフェリカネットワークスはコントロールしているのである。正確に言うなら、すべてのフェリカ・カードやフェリカ・チップを一元管理しているのだ。それゆえ、フェリカのプラットフォーム（共通基盤）上で展開されるサービス等の安全を担保できるのである。

ＪＲ東日本がスイカを国内だけでなく世界に向けて、そのビジネスを展開しようとするなら当然、フェリカネットワークスの保有する「権利」の譲渡は欠かせない。しかしＪＲ東日本がソニーに直談判するまでになるには、いくつかの伏線があった。

端緒は、二〇〇四年一月にソニーがNTTドコモと合弁で「フェリカネットワークス」を設立したことであろう。フェリカネットワークス設立の経緯とその影響については「第五章　電子マネー」の章で前述したので、ここでは改めて詳細に触れることはしない。JR東日本のスイカ事業に関連する点にだけは触れておく。

フェリカネットワークスは、フェリカ・カードおよびモバイルフェリカの「上位管理者」として突如現れ、エディを始め各電子マネーや電子乗車券、学生証や社員証などのIDカードの発行者もしくサービス提供者から問答無用で「管理費」という名目のフィーを徴収しだした。エディを発行するビットワレットはソニーの子会社のため、フェリカネットワークスの意向に反旗を翻すことは出来なかった。当然、JR東日本のスイカ・カードも対象となる。スイカはフェリカのプラットフォームを利用した、電子乗車券と電子マネーの機能を持つ非接触ICカードなのだから。

しかしJR東日本は、ビットワレットのようなソニーの子会社ではなく、独立した企業としてソニーと非接触ICカードを共同開発してきたという自負を持つ。しかもスイカ・カード普及のため、インフラ整備からすべて自前で行ってきている。ソニーからも、ましてやNTTドコモからも、スイカ事業を展開するうえでなんらサポートらしきものは受けていない。

なのに、スイカ・カードを発行するたびに「管理費」の支払いを求められても、JR東日本としてはとうてい納得できるものではなかったろう。第一、スイカ・カードのメモリには専用領域しかない。

それは、共通領域にいるエディとの決定的な違いである。

ビットワレットは親会社に逆らえず屈服したが、交通インフラを担う一大企業であるJR東日本を、ソニーとNTTドコモは果たして説得できるのだろうかと当時、疑問に思ったものだった。そして私の疑問は、現実のものとなった。

フェリカネットワークス設立から約五ヶ月後、JR東日本はフェリカネットワークスと連名でプレスリリース（五月二十日付）を発表した。

そこには、フェリカネットワークスがJR東日本に対し第三者割当増資を六月三日に実施する旨が記されていた。このことは、JR東日本がフェリカネットワークスに資本参加することで、フェリカのメモリの「上位管理者」に加わることを意味した。

つまりJR東日本は、ソニーやNTTドコモと同等の権限をフェリカのプラットフォームに対して持ち、スイカ・カードを発行するたびに「管理費」を支払う必要がなくなったのである。

増資額は十億五千万円（一万五百株）で、設立当初の持ち株比率がソニー六〇パーセント、NTTドコモ四〇パーセントだったものが、JR東日本が約五パーセントを保有することでソニー約五七パーセント、NTTドコモ約三八パーセントへと変わった。JR東日本の持株比率は他の二社に比べて低いが、だからといって立場が弱いわけではない。肝要なことは、JR東日本は資本参加することで運営する側に立ち、そして「上位管理者」のメンバーに加わったことである。

それゆえ、JR東日本はフェリカ・プラットフォームの運営メンバーとしてJR各社を始め鉄道系のカード発行会社に「共同利用」を呼びかけることが出来たのである。それ以降、社会的なインフラとしてのフェリカ・プラットフォームの推進は、実質的にはスイカ・プラットフォームが中心的な役割を担っていくことになる。

## ＪＲ東日本とアップルペイ

その象徴は、ＪＲ東日本が二〇一六年十月から日本国内で始まったアップルの決済サービス「ＡｐｐｌｅＰａｙ（アップルペイ）」にスイカを対応させたことであろう。

ＪＲ東日本は当時、「モバイルＳｕｉｃａ（スイカ）」をＯＳにアンドロイドを採用したスマートホンとガラケーと呼ばれていた従来の携帯電話に提供していた。他方、ソニー（フェリカネットワークス）も同様に、モバイル・フェリカをアンドロイド系のスマホと携帯電話に「おサイフケータイ」用として提供していた。

アップルの決済サービス「アップルペイ」は非接触型ではあったが、日本国内では使える場所がほとんどなかった。というのも、国内の非接触タイプの決済サービスはスイカを始めフェリカのプラットフォームを採用したものがほとんどで、フェリカとアップルペイとでは端末（読み取り機）との通信方式が異なっていたからだ。つまり、キオスクやコンビニ、飲食店などに置かれている端末では、アップルペイに対応したくても出来なかったのである。

非接触型の決済サービスに使われている通信方式はＮＦＣ（近距離無線通信）と呼ばれるものだが、

さらにＮＦＣの中でタイプＡやタイプＢなどといった規格があった。アップルペイはタイプＡとＢに対応し、フェリカはタイプＦだった。しかもフェリカは、国内ではほぼ標準規格になっていた。

前述した通り、フェリカは非接触ＩＣカードとしては欧州勢の反対で、国際規格の承認を得られなかった。その理由のひとつに、フェリカが他の非接触ＩＣカードと比べて技術的に高度過ぎたことが指摘されている。つまり、ソニーにしか作れない製品を国際規格にしたら、自分たちのビジネスはどうなるのだという欧米勢の危機感からの反対だったのだ。

このとき、ハイテック過ぎると問題視されたひとつにフェリカの処理能力の速さがあった。とくに改札での処理速度が〇・二秒以内（一分間に六十名の乗客が改札口を通過できる速さ）という速さは、海外の非接触ＩＣカードのそれの倍近かった（〇・四〜〇・五秒）ことは、海外の同業者にとって死活問題であった。

そのため日下部たちは、非接触ＩＣカードの国際規格承認を諦め、無線部分（ＮＦＣ）の国際規格取得へと方向転換し、その取得に成功する。というのも、〇・二秒以内は、朝のラッシュ時の混雑緩和を目指したＪＲ東日本にとっては譲れない処理速度だったからだ。しかもそのために、ソニーの日下部たちと共同開発に取り組んできたという経緯があった。

他方、海外では処理速度が〇・四前後の非接触ＩＣカードが普及していった。交通系の非接触ＩＣカードは自動出改札の処理速度をＪＲ東日本のように「〇・二秒以内」に固執することもなかったからだ。そういう背景があったため、アップルもまた、海外で主流のタイプＡとタイプＢの通信規格にアップルペイを対応させていたのである。

だからといって、そのような日本の状況は、アップルにとって看過できるものではなかった。というのも、世界のスマホ市場においてアップルのアイフォーンは、そのブランド力と圧倒的な存在感を誇っていたが、市場シェアではアンドロイド系スマホに押されてシェアを年々減らし続けていたのに対し、日本市場では過半数のシェアを占める一人勝ちの状態だったからである。

ちなみに、JR東日本がスイカをアップルペイに対応させる二〇一六年、アイフォーンの世界市場でのシェアは約二〇パーセント、アンドロイド系は約七〇パーセントである。しかし日本市場では、その立場は逆転する。アイフォーンが約七〇パーセントのシェアを占め、アンドロイド系は約三〇パーセントに過ぎない。

つまりアップルにとって、日本はアップルペイの「空白地帯」にするわけにはいかない、重要な市場だったのである。他方、JR東日本にとっても、スイカをアップルペイに対応させることは世界進出を拡大する第一歩であった。

二年前の二〇一四年、JR東日本副会長の小懸方樹は「フェリカ・コネクト　二〇一四」の基調講演で、こう述べている。

「JR東日本は車両や設備、自動改札システムなどの鉄道インフラを輸出すると考える方が多いだろう、しかし自動改札システムと、それに連携した電子マネー、さらに認証システムなども含めてICシステムの輸出も視野に入れている。すべてまとめて輸出できればベストだが、たとえば鉄道インフラはフランスが取ったとしても、電子マネーや認証利用は日本仕様が取ってもいいのではないかと考えている」

この考え方は、香港の自動出改札システムの入札のさい、途中から三菱商事とソニーが組んで非接触ＩＣカードの案件だけを取りに行ったケースに似ている。システム全体の受注が無理でも、一部でも可能性があれば、それに挑戦した手法である。

つまりＪＲ東日本は、スイカ単体での海外進出も視野に入れていたのである。しかし海外で、スイカが採用されるためには、通信規格がタイプＡやＢのように国際規格として認められる必要があった。そうでなければ、かりにスイカに関心を持つ企業が現れたとしても、実際の採用には踏み切れなかったであろう。

そこでＪＲ東日本は、ＮＦＣの国際標準化団体「ＮＦＣフォーラム」にスイカの通信規格「タイプＦ」も国際規格として認知するように働きかけを始める。当初は処理速度〇・二秒が障害になって、フェリカは日本独自の対応という認識であった。しかしＪＲ東日本の粘り強い説得活動によって、次第に公共交通機関はタイプＡとＢだけでなくＦにも対応すべきだという流れになっていく。

その結果、携帯電話事業者やその関連業者で構成される業界団体「ＧＳＭアソシエーション」（二〇カ国で約八百社の携帯電話事業者と二百社の関連企業で構成）でも、ＮＦＣフォーラムがタイプＦの採用を決めたことを受けて、二〇一七年以降は公共交通機関で利用される携帯電話にはタイプＡ・Ｂに加えてタイプＦの三つの通信規格にも対応するようになる。

こうした流れを受けて、ＪＲ東日本とアップルは両社の利害が一致することから、スイカとアップルペイの対応を先駆けて決めたのであろう。ただしこのことは、アップルがモバイルスイカをそのまま受け入れたことでも、またアンドロイド系スマホのように「おサイフケータイ」を採用したという意味でもない。

ＪＲ東日本は当時、モバイルスイカをアンドロイド系スマートフォンとガラケーの携帯電話に提供していた。ソニーも同様に、モバイルフェリカを「おサイフケータイ」用に提供していた。そしていずれのメモリも、フェリカネットワークスが上位の管理者という立場である。

それに対し、ＪＲ東日本がアップルに提供するスイカは、あくまでもアップルペイのサービスの「ひとつ」という位置づけであった。つまりアップルペイは、スイカのプラットフォームをユーザーインターフェースとして利用するということである。それゆえ、アイフォーンやアップルウォッチに搭載される「スイカ」は、アップルペイ専用のものと言って過言ではない。

たとえば、相互利用相手先のパスモなど交通系のＩＣカードや電子マネーに対応する約四千八百の駅と約三十六万の店舗では利用できるものの、東海道・山陽新幹線向けのチケットレスサービス「エクスプレス　ＩＣ」には対応していなかったことなどである。もちろん、そのような問題はアップルペイの普及及び利用が進む過程で、順次解決されていくことであろう。

ＪＲ東日本とアップルの提携の経緯を見ていくと、ソニーにフェリカのプラットフォームを世界に広めていく戦略らしきものがあったのかどうかさえ、疑問に思えてくる。むしろ現実は、ＪＲ東日本がソニーに代わって、スイカのプラットフォームを世界に広めていくことでフェリカのプラットフォームの普及拡大に努めていたのではないか。つまりフェリカの世界戦略を描き、それを推進する中心はソニーからJR東日本に実質的には取って代わられていたのである。

そのことは、フェリカネットワークスの株主の持株比率の変化にも表れた。

フェリカネットワークスの設立当初の株主は、ソニー（持株比率六〇パーセント）とNTTドコモ（四〇パーセント）である。その半年後、フェリカネットワークスはJR東日本に対し第三者割当増資を実施し、株主はソニー（持株比率は約五七パーセント）、NTTドコモ（同、約三八パーセント）、JR東日本（同、約五パーセント）の三社となった。

それから十四年後の二〇一八年十二月、ソニーとNTTドコモは持ち株の一部をJR東日本に譲渡し、三社の持株比率が変わる。ソニーが五一パーセント、NTTドコモが三四パーセント、そしてJR東日本は三倍の一五パーセントである。

着実に実績を積み上げていくことで、JR東日本はフェリカネットワークスにおける存在感を増し、自らの権限を強化していったのである。いまやフェリカのプラットフォームの普及拡大を始めフェリカ事業全体の将来は、JR東日本の先見性とリーダーシップにかかっていると言ってよかった。

ソニーのフェリカ事業への取り組みは、配達先の仕分けを自動化したいという大手宅配業者の要望に応えることから始まった。それは伊賀章に導かれ、日下部進によってソニー独自の非接触ICカード技術「フェリカ」として実現した。

しかしソニーの経営陣は、フェリカ開発者の日下部の「ハードビジネス（フェリカ・カードやフェリカ・チップの販売）ではフェリカは半永久的に使えるため、そのビジネスはすぐに行き詰まります」という警告を活かすことはなかった。

ソニーのフェリカ事業の主要な収益は、いまなお製品の「売り切り」（売却益）である。「売ったところから始まる」（運用益）ビジネスへの切り替えを始め、ソニーがフェリカ事業をどうしたいのか、その将来像と戦略は依然として不透明なままである。

いったい、ソニーのフェリカはどこへ行こうとしているのだろうか。

# 第8章　起業——クアドラックの設立

「フェリカ・コネクト　二〇一五」の取材を終えた二〇一五年の深秋、私はフェリカ開発者の日下部進に会いたくなって、彼のオフィスを訪ねることにした。

日下部がソニー時代の部下たちと三人で起業したことは聞いていたので、いつかは彼を訪ねて新しい事業について話を聞きたいと思っていたのだが、なかなか機会に恵まれず延び延びになってしまっていたのだった。

東京メトロ半蔵門線の青山一丁目駅から乃木坂・六本木方面に歩いていくと、山王病院が左手に見えてくる。道路を挟んで右側の低層のオフィスビル群のひとつに、彼のオフィスが入っていた。表札には「クアドラック株式会社」とあった。

日下部がクアドラックを設立したのは、彼がソニーを退社してから四年後の二〇〇九年八月のことである。クアドラックは通信技術の開発を目的としたベンチャー企業で、技術革新を通じて「世界の人々に楽しく、愉快で、快適なライフスタイルを提供」することが会社の目的なのだという。

久しぶりに会う日下部は病み上がりと聞いてはいたが、実際に会ってみると新しい通信技術の開発にかける気迫は以前と変わりなく、いやむしろ強くなっているのではないかと思うほどであった。日下部の元気そうな姿を確認できたので、私は彼にソニー退社から起業までのことをひと通り聞くことにした。

その前にどうしても、もう一度確かめておきたいことがあった。それは、二十四年間エンジニアひと筋で過ごし、誰もが認める成果を挙げた職場を去る、つまりソニーを辞めた理由である。

私の率直な問いかけに対し、日下部はこう即答した。

「思い通りにならなかったというのが、まず一番大きな理由だろうと思います」

前回と同じ回答だった。たしかに、開発者の日下部にとって、フェリカ・ビジネスの方向性が当初彼の考えたものからどんどん遠ざかっていくことは耐えがたいものがあっただろう。しかも開発者の進言に耳を貸さない役員ら上層部との日々のやりとり、説得ほど虚しいものはなかったに違いない。

誰しも上司の理解を得られない環境で、新たな技術開発やビジネスモデルの構築に取り組むこと、そのためのモチベーションを維持することは困難を極めるだろう。そんなやり甲斐のない日々を送るくらいなら、会社を辞めようと考え始めることは至極当然なことでもある。

## 葬り去られたレポート

とはいえ、それでも自分の仕事に誇りを持って長年働いてきた職場を去るには、その決断の背中を押す誰かが、あるいは何かが必要ではないだろうか。そう考えた私は、日下部にソニー退社を決断する切っ掛けとなったものは他にはないのかと訊ねてみた。

「じつは」

と言って、日下部はソニー退社前に最後となる「レポート」を経営陣に提出していたことを明らかにした。

「ソニー時代の最後、研究所にいた時に『GVE』というレポートを会社に提出したのですが、そのレポートは結局、葬り去られてしまいました」

日下部によれば、GVEとは「グローバル・バリュー・エキスチェンジ（交換）」と「グローバル・バリュー・エバリュエーション（評価、算定）」という二つの単語の重複する頭文字からとったものだという。そしてGVE自体は、「交換」と『評価・算定」という二つの機能を同時に行う「仕組み」とのことだった。

日下部は、提出したレポートではソニー製品でGVEの説明をした、という。

「そもそもソニーは、市場にまだない商品や高付加価値商品（高額商品）を作り出すことで高利益を得てきた会社です。つまり、薄利多売では儲からない会社になってしまっていたのです。しかし高付加価値商品を開発すればするほど、その商品の寿命は長くなり、買い換えのサイクルも長くなってしまいます。そうなると、もっと高付加価値商品を開発しなければ儲かりません」

さらに日下部は、自家用自動車（クルマ）を持ち出して追加の説明をする。

「でも（製品としての）クルマは、そういうことをやっていません。たとえば、自動車メーカーのトヨタでは、新車を購入するお客さんに対して古いクルマを『下取り』していますよね。しかも下取りしたクルマにはリセールバリューをちゃんと作って、それに対するメインテナンスを行い、さらなる付加価値を付けるなどして下取り価格と市場での中古価格を安定させています。なぜそれが出来るのかと言えば、交換と査定の両方をトヨタが自らやっているからです。もし中古販売の業者だけに任せていたら、自社以外のクルマと置き換えられたり、いろんな別のところへ結びつけられてしまいます。だから、自分のところだけでやるべきなんです」

そのうえで、こう結論づけた。

「ソニーはテレビでもどんな製品でも下取りはしません。下取りはソフマップなど中古屋さんに任せてしまっています。でもそれは、おかしいでしょう。自分で（交換と算定のふたつの機能を）しっかりやるべきですよ」

以上が、レポートの概要である。

しかしソニーの反応は皆無で、逆にある経営幹部などは、日下部の指摘をこう言って一蹴したほどであった。

「そんなことで下取りをしていたら、（ソニー製品の）中古品が市場にたくさん出回るようになって、（ソニーの）新しい製品が売れなくなってしまう」

日下部は、呆れ果てる。

「ソニーが高付加価値商品、つまり高額商品を作れば作るほど、（買い換えの）サイクルが長くなるのですから、新しい製品が売れなくなるという状態は変わらないわけです。だったら、そのぶん市場を活性化させて、それで市場価格を安定化させることが大切なわけです。そうすることによって、企業価値は生まれるものです」

日下部の言葉を借りるなら、彼のレポートはソニーの経営陣からは無視され、最終的に「葬り去られる」のだった。

日下部は同僚と二人で、一九九六年頃から「ＡＶＣＳＤ（オーディオ・ビジュアル・コンテンツ・スーパー・ディストリビューション）」（超流通）を研究していた。その時に出した結論は、デジタルネットワーク時代のコンテンツ・ビジネスは音楽にしろ映画などの動画にしろ、ＣＤやＤＶＤなどパッケージソフトとして売るのではなく、視聴を許可する権利（ライツ）を売るという新しい売り方を目指すべきだというものだった。

それゆえ日下部にとって、フェリカはサービスを入れる「器」に過ぎず、ユーザーがサービスを利用した時の代金を決済する「手段」として電子マネーを作ったのである。そのサービスのひとつが楽曲の提供の場合、従来は著作権保護技術が施されたコンテンツを購入し、電子マネーで支払うという仕組みであった。

しかしＡＶＣＳＤの場合、ユーザーは一度決済すれば、そのコンテンツをダウンロードしてもいいし、ストリーミングで聴くこともできる。つまり、「いつでも」「どこでも」自分が音楽を聴きたい時に聴けるのだ。

ただし聴く場合には、個人認証（代金を払った本人確認）と機器認証（使用するオーディオ機器確認）をフェリカで行う必要があった。というのも、購入したコンテンツには「鍵」がかけられているからである。その鍵を瞬時に開けるのが、フェリカなのである。

ＧＶＥとは、その意味では日下部がＡＶＣＳＤを徹底的に追求して、考えに考え抜いた挙げ句辿り着いた「仕組み」なのである。つまり、ボックス・ビジネス（物販）からの完全なる決別を狙ったものである。

技術でもビジネスモデルでも、つねに何か新しいことを求めて試行錯誤を続ける日下部にとって、目先の利益にしか目が行かない上司や経営陣に対し、もう何を話しても無駄なのだと思い知らされる日々は苦痛でしかなかったろう。

これではたしかに、日下部進がソニーを辞めたくなっても仕方がない。また、そんな思いを止めようもなかったろう。日下部のソニー退社が、必然だったことに、私は得心した。

## カーブアウトとプラズマテレビ

日下部進がソニー退社のタイミングを見計らっていたとき、香港案件でフェリカ・カードの受注を共に勝ち取った旧知の三菱商事の幹部から「（グループ企業で）自由に研究していいから来ないか」と誘われる。その幹部がグループ企業で新しい事業に取り組んでいて、その仕事を一緒にしないかというのである。

日下部は二〇〇五年七月にソニーを退社したのち、三カ月後の十月に三菱商事に入社する。日下部によれば、誘われたグループ企業は「カーブアウトを仲介する会社」で、彼の仕事は「アドバイザーとしてカーブアウトに値する技術かどうか、を評価する」ことだったという。

カーブアウトとは、将来が有望視される自社の特定の事業（技術やビジネスモデルなど）であってもコア事業ではないため、十分な経営資源を振り向けることができず事業化できない場合、その事業を会社から分離し、新会社として独立させることである。そのさい、親会社以外にも外部から資本等のサポートを積極的に受け入れる。日下部のいう「カーブアウトを仲介する会社」のサポートは「外部からの資本」、投資のことである。

ちなみに、「分社化」という意味では、スピンアウトやスピンオフと呼ばれるケースに似ているが、カーブアウトがあくまでも親会社の経営戦略の一環で設立され、設立後も影響下にあるのに対し、前者の特徴はより独立性が強いことである。

日下部は仕事に取りかかると、自分が誘われた理由が分かった。

彼が「評価」に関わった技術には、数億円から何十億円もの投資が計画された案件があったが、思わず「いくら技術に疎いからといって、こんな（将来性のない）技術に投資してもいいのか」と疑問の声を挙げるようなものも少なくなかったからである。

たとえば、ある家電メーカーのプラズマディスプレイ事業をカーブアウトして、テレビ用のプラズマパネルを安く作らせ、テレビメーカーに供給させるという案件があった。技術のトレンドを考えるなら、プラズマは日下部には信じられない選択であった。

薄型テレビ時代を迎えた当時、世界のテレビ市場ではプラズマテレビと液晶テレビが激しいシェア争いを繰り広げていた。プラズマテレビはブラウン管同様、自発光のため視野角が広く、応答速度が速いため、動きの激しいスポーツ番組などでも滑らかな映像が楽しめるというメリットがあった。その半面、電気消費量が高く、自発光のため静止画像を続けるとテレビ画面が焼き付けを起こすなどの問題を抱えていた。

他方、液晶テレビはパネルの後ろからバックライトを使って映像を作り出す仕組みのため応答速度が遅く、視野角も狭かった。しかし電気消費量は少なく、焼き付けも起こらなかった。つまり、両者のメリットは相手のデメリットという関係にあった。しかしそうした技術的な問題は、日進月歩の激しい技術の世界では、いずれ時間の経過とともに解決されるはずのものであった。

判断基準は、その技術の方向性にあった。つまり技術のトレンドに沿ったものであるか否か、ということである。

演算素子にしろ撮像素子にしろ、素子の歴史は「固体化」への歩みである。

デジタル技術の塊であるコンピュータに使用されている演算素子は、真空管から始まってトランジスタ、ＩＣ（集積回路）、ＬＳＩ（大規模集積回路）、ＶＬＳＩ（超大規模集積回路）と固体化（半導体）されている。また、放送局のテレビカメラの撮像素子は大きな撮像管だったが、「電子の眼」と呼ばれるＣＣＤからＣＭＯＳへと代わり、いまではデジタルカメラにも搭載されるイメージセンサとして利用されている。

プラズマテレビはブラウン管の延長線上の技術で作られており、その撮像素子は固体化の流れにはない。他方、液晶テレビの映像素子は半導体である。次世代テレビである「有機ＥＬテレビ」の撮像素子も半導体である。

しかも日下部が三菱商事に移った二〇〇五年には、液晶テレビは世界のテレビ市場で過半数のシェアを獲得し、圧倒的な存在感を示していた。これ以降、プラズマテレビは年々シェアを落とし、日本でも家電メーカーは相次いでプラズマテレビから撤退した。ただプラズマテレビに社運を賭けていたパナソニックだけは、最後の一社になっても製造販売を続けた。しかしその孤軍奮闘も、八年後の「撤退宣言」で終わりを迎える。かくしてプラズマテレビは日本市場から消え去るのだ。

日下部はプラズマディスプレイ事業をカーブアウトする案件に技術的な問題から反対し、アドバイザーとして投資をすべきでないとの判断を伝えた。逆に、将来が楽しみなオリジナル溢れる「技術」に出会った時には、高い評価を与え、カーブアウトに賛成の意見を添えた。

自分が評価した技術で事業が成長・成功していく過程を見るのは、日下部にそれまでとは違った新鮮な喜びをもたらした。その半面、カーブアウトした会社が順調であればあるほど、三菱商事は投資の回収を早めようとした。つまり、熟する前の果実を刈り取ろうとするのである。それには、日下部は失望を禁じ得なかった。

たしかに、三菱商事での仕事は日下部にそれなりの達成感を与え、充実した日々を過ごさせるものであった。しかし仕事に熱中すればするほど、いつしか「自分が本当にやりたかった仕事なのか」と自問するようになったことも事実である。

その後、日下部を三菱商事に誘った幹部は、本社に戻って新しい事業に挑戦することになり、日下部も一緒に移ることになった。その幹部の意向で、日下部も再びその事業を手伝うことになったからである。

しかし新しい職場で新しい仕事に携わっても、日下部の自問自答する日々は続いた。そして彼は、次第に三菱商事を辞めることを真剣に考えるようになっていく。

「そもそも私自身があまり大きな組織に向いていない性格、という原点があります」

そう最初に断ってから、日下部は退社を考えた経緯について語った。

「それに加えて大きな組織では、ある目的で始めた技術開発（事業）であっても途中で利益が出始めると、利益をもっと出せという方向へまっしぐらに走り始めます。そうすると、狙っていた目標の位置付けが完全に狂ってしまい、（開発が）本来の目的からどんどん逸れていくということが起こります。それは間違っているわけですが、利益が出ているために、結局、『それで良し』になってしまいます。ソニーでもあったことですが、本来の目的を忘れてしまうことが（大企業、大組織では）往々にして起きるものです。だから私は、（三菱商事を辞めて）自分で起業しない限り、自分が本当にしたいことはできないんだと改めて思いました」

そして日下部が三菱商事を退社する準備を始めようとしたとき、ソニー時代の部下が二人、彼を訪ねてきたのだった。

二人は、フェリカ・プロジェクトで開発チームのオリジナルメンバーとして日下部と一緒に働いた仲だった。日下部がソニーを去った後は、フェリカから離れて人体通信の研究を続けていたが、次第に「ソニーの中で、（研究開発が）うまく進まなくなってきた」研究環境に危機感を持ち、日下部に今後のことを相談しに来たのである。

人体通信とは、身体を伝送媒体として利用するもので、有線や無線とも違うまったく新しい通信方式だった。日下部も、ソニー時代に少し関わった経緯があった。

日下部は、二人に「じゃあ、外に出てやろうよ」と誘った。

「人体通信も（その通信技術は）面白いんですけど、むしろ私としては二人がソニーを辞めて外へ出てくることのほうが、大きかったですね。あの二人が（ソニーから）出てきたら、いろんなことが出来るようになると思いましたから」

さらに、こう言葉を継ぐ。

「三菱商事に移った時もそうですが、まず外へ出て感じたことは『モノ（製品）を作ろうとしたら、優秀なエンジニアがいないと出来ない』ということです。自らソニーから出てくるということは、少なくとも二人は優秀だということです。それが分かっていますから、非常に分かり易いんです。優秀なエンジニアがいるかいないかによって、出来ることが限られてきます。私ひとりで出来ることには限界がありますから、詳細な設計まで全部ひとりで作れるかといえば、そういうことはないわけです。

ですから、もし二人が出てくる決断をしなかったら、私は起業していなかったと思います」

二〇〇九年八月、日下部たちは「クアドラック株式会社」を設立する。

日下部によれば、社名の「ＱＵＡＤＲＡＣ（クアドラック）」は人体を媒体として通信する技術「クローズ・キャパシティブ・カップリング・コミュニケーション（近接型容量性結合通信）の頭文字のＣを四つ（ｑｕａｄ）を集めたものだ、という。会社としてのクアドラックは、もともとＣＣＣないし４Ｃと呼ぶ近距離通信技術の開発のために設立されたものである。なお４Ｃは、二〇一二年七月に、人体通信分野では初めて国際標準規格（ＩＳＯ／ＩＥＣ１７９８２）になっている。

## 人体通信への挑戦

「自分が本当にしたいこと」をするために起業したという日下部進にとって、新しい通信技術「人体通信」の将来性は輝かしいものに見えたのだろうか。少なくとも、そのことに確信を持っていたのだろうか。

私の素朴な疑問に対し、日下部はこう答えた。

「人体通信そのものがビジネスとしてどうか、つまりいいのかという話になると、そこに確信が持てていたわけではありません」

率直に自分の気持ちを吐露すると、さらに続けた。

「ただＮＦＣの次の世代に行くことを考えると、人体通信はけっこう面白いなと思いました。ＮＦＣ

は近距離通信という通信規格でありながら、タッチという行為を示すユーザーインターフェース規格でもあるんです。そういう意味でいうと、ＣＣＣもまったく同じで、（対象に）触れるとか近づけるという意味ではＮＦＣに非常に近い。それと、やはり通信手段ですから、ユーザーインターフェースを兼ねているのでＮＦＣの延長線上で考える限り、人体通信は面白いはずだと思いました」

つまり、４ＣとＮＦＣは非常に似ているが、互いにとって代わる関係にはなく、むしろすでに定着しているＮＦＣをプラットフォームとして４Ｃが利用すれば、もっと画期的なことが出来るのではないかと日下部は考えていたのである。

ＮＦＣを搭載したＪＲ東日本のスイカなどの電子乗車券では、乗降客は列車に乗る場合は改札機の「読み取り部」にタッチすることで個人認証を行って通過し、降りる時には同様に改札機でタッチして運賃を精算して、構外へ出る。

ところが、これらの電子乗車券に４Ｃ技術を使えば、乗降客は電子乗車券を服に入れたまま改札機に近づくか、手をかざすだけで通ることができるようになるのだ。いわゆる、タッチレス（非接触）改札機の実現である。もちろん、モバイルスイカを搭載したスマホでも利用できるし、ＮＦＣを搭載したスマホで電子乗車券機能を持っていれば、同じように利用することができる。

車椅子の利用者や手や指が不自由な人にとって、また多くの荷物を抱えるなどして自由な動きが制限される場合には、スイカなど交通系の非接触ＩＣカードならタッチするだけで改札を通ることが出来ると利便性を謳われても、そもそも非接触ＩＣカードを素早く出すこと自体が難しいため、その恩恵は享受できない。

そうした状況は、いまなお変わっていない。

しかし4C技術が標準搭載されるようになれば、スイカなど交通系の非接触ICカードの利便性がさらに高まることは間違いない。タッチレス改札機の実現が多くの人から待たれるゆえんである。

二〇一五年秋に日下部のオフィスを訪ねたとき、二〇二〇年夏の開催予定だった東京オリンピック後のパラリンピックが話題になった。日下部によれば、もし施設のゲートやドアなどの開閉に4Cの技術が使われれば、タッチレスゲートが実現し、パラリンピックの選手たちはスムーズに移動することが出来るようになるという。もちろん、日下部とクアドラックにとっても、4C技術の素晴らしさを世界にアピールするチャンスでもあった。

ただしその時の私たちは、まさか新型コロナウイルスの世界的な感染拡大によって、東京オリンピックの開催が翌年に延期されるとは想像だにしていなかった。しかしそれによって、何かするにしてもタッチレス（非接触）の可能性を優先的に考慮する環境が生まれたことは、人体通信を専門に研究開発しているクアドラックには追い風となったことは間違いないであろう。

さらに4C技術の有効な活用には、ビジネス用途を始めさまざまな分野が考えられていた。たとえば、会議やセミナーなどでプレゼンテーション用の大型ディスプレイに4C機能を搭載すれば、発表者は事前にスマホに保存したデータや資料等を必要に応じて、ディスプレイの画面にタッチすることで表示させることもできる。スマホからの情報が人体を通してディスプレイに届くのである。

日下部から4C技術の説明を聞いていると、まだまだいろんなことに挑戦できそうな気がしてならなかった。しかも4C技術を用いたサービスや製品の実現は、すでに専用LSIが開発段階に入っているというから、それほど遠いことではない。ただクアドラックは研究開発が専門だから、ビジネスを成功させるには営業・マーケティング専門のパートナーが必要になるのではと思った。

## 超高速サーバーの開発

クアドラックには、通信事業と並ぶコア事業があった。

それは「Q－CORE事業」と名付けられた、超高速サーバーの開発事業である。

デジタルネットワーク時代を迎え、すべてのものがインターネットにつながるIoT社会では、電子マネーや各種ポイント（制）、ネットオークション、ネットショッピング、チケット販売、オンラインゲームなどの運営を問題なく行うには、リアルタイムでかつ大量の連続した情報（トランザクション）処理が必要になる。

クアドラックの「Q－CORE」は、毎秒数千ものトランザクションをリアルタイムで遅延なく処理できる超高速サーバーなのだという。

しかも当初のサーバーは、リアルタイムではなく一定の時間帯にトランザクションをまとめての処理（バッチ処理）だった。カードなどの端末でトランザクション処理が行われ、あとでサーバーに同期するというやり方である。たとえば、電子マネーのスイカやパスモなどのフェリカ・カードや「おサイフケータイ」のフェリカモバイルでは、すべてオフラインで決済処理を行っている。

しかしいまやサーバーは、オンライン上にあってリアルタイムでトランザクション処理を行っている。サーバーはクラウドとして利用され、オンライン処理がメインになってきているのだ。

当然、クアドラックの「Q－CORE」もクラウド利用が前提になっている。ただし、端末との接続には携帯電話（スマホ含）のネットワーク（モバイル・ネットワーク）を使う。これによって、サーバーと端末の接続状態（ネットワーク）は安定する。端末はモバイルフェリカを搭載した携帯電話やスマホなどのモバイル機器である。

ある意味では、オフライン決済のフェリカを開発者の日下部自らが否定したうえで、オンライン処理のまったく新しいモバイル決済（の仕組）を創り出したといえる。

日下部にはソニー時代にポスト・フェリカとして「バーチャルフェリカ」構想を考案し、その実行を訴えたものの、フェリカ・カードやフェリカ・チップを製造している部門から猛反対を食らって検討すらされなかったという苦い経験がある。

Q－COREを利用した新しいモバイル決済の仕組みを使えば、バーチャルフェリカは容易に実現する。フェリカのプラットフォームで開発された電子乗車券や電子マネーなどのオフライン処理を、Q－COREのシステムは、バックヤード（情報処理センター等）でのリアルタイム処理に変えられるからだ。ただ、日下部自身がバーチャルフェリカに再度挑戦する意思があるのか――その時の私には、分からなかった。

言えることは、フェリカの時代（オフライン処理）は終わり、フェリカも時代とともに変わらなければいけない、ということである。

日下部進は私とのインタビューの最後に、ソニー時代に出来なかった新しい事業に関与していることと、それが現在進行中である旨を話してくれた。しかし詳細に関しては、黙して語らなかった。いつもの慎重な日下部らしいと思った。

## 第9章　日下部の夢、房の大志——ＥＸＣプロジェクト

日下部とのインタビューから遡ること二年前、二〇一三年十二月四日、東京・銀座の鮨屋で六甲学院（六甲中学、六甲高校）の同窓会が忘年会を兼ねて開かれていた。ただしＯＢ会などが関与する公的なものではなく、ひとりの卒業生が主催するプライベートな集まりであった。

日下部進は、その忘年会に定刻の夜七時よりもかなり遅れて顔を見せたため、空いていた手前のカウンター席に腰を下ろした。すると、カウンターの奥に座っていた主催者の塩村仁がスーツ姿のひとりのビジネスマンを伴って、日下部の席に歩み寄ってきた。塩村は彼の名前を「房広治《ふさこうじ》」と紹介し、こう言葉を続けた。

「日下部は、高校時代から物理の天才だと言われてきた。ソニーでは優秀なエンジニアとして高い評価を受けている。房はＭ＆Ａや金融の分野で、何度も日本一になった男だ。日下部と房が組んで一緒にビジネスをやれば、なにかとんでもない大きなことが出来るはずだ。（二人で）何か大きなことをビジネス化しなさい。とにかく房よ、まず日下部の話をじっくり聞いてやってくれ」

そして塩村は、房を半ば強引に日下部の隣の席に座らせたのだった。しかし塩村自身は、自分の役

目は終わったと言わんばかりに、すぐさまその場を離れていった。

残された日下部と房の二人は初対面で、塩村から事前に何も聞かされていなかった。しかも塩村からは、二人を紹介したい理由さえも知らされていなかった。二人が塩村の意図を図りかねて困惑したのは当然である。とはいえ、大先輩の塩村の取り計らいを無視するわけにはいかず、とりあえず二人は、簡単な自己紹介から始めた。

日下部はソニー時代のキャリア、とくにフェリカの技術とそれまで携わってきたプロジェクトについて説明し、さらにクアドラックの事業について話をした。他方、房は英国の投資銀行勤務時代から始まる金融マンとしてのキャリア、独立後の投資家としての仕事などを語った。それでも、二十分足らずで二人の話は尽きてしまう。房は離席し、当初座っていた席に戻った。

房の回想――。

「私が中学高校の同窓会に出席したのは、この時が初めてでした。そして塩村さんとも初対面でした。塩村さんは私の五歳年上の兄と中学・高校の同期で、しかも塩村さんの弟が日下部さんと同期という関係でした。だから、塩村さんは日下部さんの強さも弱点も分かっているという感じでした。六甲は『坊ちゃん学校』と言われていまして、（卒業生は）人が良いというか良すぎるんです。そんな校風ですから、塩村さんも日下部さんのことを心配して『（日下部は）研究ひと筋のエンジニアだから、どこかで足をすくわれるかも知れない』と思ったらしいです。そこで、金融界で修羅場を何度も経験してきた私が助けてやれ、ということでした。ただ塩村さんの話は漠然としたものでしたし、日下部さんから話を聞いても、何かつかみどころがありませんでした」

その後、房は塩村を始め六甲ＯＢやクアドラックの役員などに面談しては日下部について繰り返し話を聞くとともに、最後は彼の妻と息子にも会って「日下部進」という人物を理解する努力を惜しまなかった。

一方、日下部は、房に対して強い印象を覚えなかったようだ。

「（房と）何を話したか、よく覚えていません。会った記憶はありますが、いつかと聞かれても……」

日下部にすれば、これまでもソニー時代から担当役員や幹部たち、あるいはプロジェクトのメンバーたち、そして起業してからは投資家などに幾度なく繰り返し話してきたシーンのひとつに過ぎなかったであろう。

日下部と房の二人が互いを認め合い、信頼するようになるにはもう少し時間が必要だった。世の中を変えるような構想に辿り着き、それをプラン化し、第三者を巻き込んだ大きなプロジェクトにすることは、容易な道程ではない。

ただ言えることは、二人の出会いによって日下部がソニー時代から抱き続けた「夢」への再挑戦が始まったということである。

## 必要なのに顧みられない医薬品

ここで、日下部進を新たな舞台に立たせる二人の重要人物、塩村仁と房広治についても簡単に触れておく。

塩村仁は、六甲高校から一橋大学経済学部に進み、卒業後は三菱化成工業（現・三菱化学）に入社した。三菱化学時代は一貫して医療・医薬品分野に従事し、業務改革や研究開発、新規事業の立ち上げなどを経験し、三菱化学の子会社六社で取締役を務めるなど申し分のない業績も残してきた。

その塩村が三菱化学を退社して、二〇〇三年に起業したのが製薬会社「ノーベルファーマ株式会社」（本社、東京）である。設立以来、彼は代表取締役社長を務めている。

ノーベルファーマの企業理念は「必要なのに顧みられない医薬品の提供を通して、医療に貢献する」である。その背景には、患者や医師から望まれる医薬品であっても患者の少ない疾病などの場合、多くの収益を見込めないため製薬会社は開発に積極的ではない。つまり、市場ニーズの少ない医薬品開発は投資効率が悪いというわけである。

そのような「必要なのに顧みられない医薬品」や医療機器は「アンメットニーズ医薬品・医療機器」と呼ばれていた。その意味では、ノーベルファーマはアンメットニーズ医薬品・医療器具の専門メーカーと言えなくもなかった。それはまた、他の製薬会社との決定的な違いでもあった。

それゆえ、ノーベルファーマは自社の社会的な使命をこう宣言するのだ。

《当社は、たとえ市場規模が小さくとも、他社が手がけないこうした医薬品・医療機器を、患者さんの強いニーズがある限り、速やかに世に送り出し、それを待ち望む患者さんに届けることを目指しています》

たしかにノーベルファーマは、既存の製薬会社とビジネスの進め方も社会貢献に対する考え方も違う。それは、「創業者・塩村仁」の生き方そのものなのだろうか。

房広治は、塩村のことを「塩村さんは面倒見の良い先輩で、親分肌の人です」と、私に紹介した。塩村の「面倒見の良さ」は、同窓会を個人で主宰し支えていることから私にも十分に推測できた。

たとえば、塩村主宰の同窓会は別名「六甲社長会」と呼ばれていることからも分かるように、起業した六甲学園OBや個人事業主として頑張っている卒業生に声をかけた集まりである。同窓会という「場」を利用して人脈作りやビジネスを広げて欲しいという塩村の配慮から生まれたものである。その意味では、日下部進と房広治の二人は塩村のお眼鏡に叶ったのであろう。

## 「会社四季報」を熟読する子供

房広治は一九五九（昭和三十四）年八月、兵庫県芦屋市で三人兄弟の末っ子として生まれた。中国人の父・房泰と日本人の母・順子のもとで、父の事業の成功によって何不自由なく育てられた。房によれば、「日本人として育てられた」という。

父・泰は中国山東省の出身で、生家は大農園を保有し、経営の才能があった祖父はナッツ類の輸出で財を築いた。そのため生家は非常に裕福で、父・泰の贅沢な暮らしぶりを示すものとして、房は父親の友人から聞いた話として「父親は人力車で学校に通っていた」というエピソードを紹介してくれた。

房家では「一番優れた投資は教育である」という考えから、子供の教育費にはお金を惜しまなかった。親が事業の失敗などで財産を失っても、きちんとした教育さえ子供に受けさせておけば、社会で生きていけるからだという。

それゆえ泰が大学に進学し卒業後は海外留学を考えたのも、また実際に行動に移すことが出来たのも、房家ではごくごく自然なことであった。泰は当初、英国留学を考えていたが、大学で日本政府が知日派を増やす目的で奨学生を募集していることを知らされ、勧められるまま応募したら合格してしまったという経緯があった。

泰は、留学先を英国から日本へ変更する。しかしこの時の決断が、後に房が日本で生まれ「日本人として育てられ」、そして日下部進との運命的な出会いへと導くことになるとは誰も想像できなかったであろう。

泰は一九四一（昭和十六）年に来日すると、旧制第一高等学校（現、東京大学教養学部）に入学し、東大へと進んだ。しかし戦況の悪化にともない、東大にいる海外からの留学生は全員、京都大学へ転校させられる。これを機に、彼もまた関西に居を移すことになる。

京都大学では大学院で研究に勤しむ一方、中国語以外にもドイツ語や英語、日本語が堪能だった泰は、大阪の専門商社で通訳のアルバイトをするようになった。だが、その生活も長くは続かなかった。関西に転居してから一年も経たない一九四五年八月、日本が戦争に敗れたからだ。日本の勝利を信じていた多くの国民は途方に暮れ、その日の食べ物にも困る暮らしに彼らの不満は社会に充満していた。

誰もが混乱し、誰もが助けを必要としていた時代だった。

それゆえ泰は、そんな日本から一刻も早く脱出して故国・中国へ帰りたかったであろう。だが中国本土では、日本の敗戦で内戦が始まっていた。蔣介石の国民党軍と毛沢東の八路軍（共産党の軍隊）が中国各地で激しい戦闘を繰り広げていたのだ。泰は大学の研究員として、日本に骨を埋める覚悟をした。

他方、バイト先の商社の社長は出張していた欧州から戻らず、会社とは音信不通になっていた。残された社員は戦後の混乱のなか、新しい就職先がすぐに見つかるとは思えず、とにかく事業の継続、会社の存続を望んだ。

その専門商社の主要な事業は、海外、とくに東南アジアからのラワンなど南洋材の輸入・販売であった。南洋材は、建築用材や家具材、工芸材などに使われる用途の広い木材である。戦前は戦況の悪化とともに南洋材の輸入・販売はうまく回らなくなり、厳しい経営が続いていた。唯一のメリットは、ライバル企業がいなかったことだ。

残された社員たちは話し合いの結果、泰に白羽の矢を立てた。というのも、南洋材の輸入など海外との取引が中心である以上、外国語が堪能な人材は不可欠だったからである。残された社員の中には外国語が出来る者は一人もいなかった。ならば、アルバイトとはいえ、語学が堪能で社長に同行してビジネスを目前で体験してきた泰ほどの適任者は他には見当たらなかった。

残された社員は全員で泰に「社長が失踪したので、会社（の経営や仕事）を社長として手伝って欲しい」と頼み込んだのだった。日本永住を決めていた泰は、自分が役に立てるならと、二つ返事で引き受ける。

とはいっても、戦後不況の最中、語学が堪能な人間が社長代理を務めたからといって容易に事業が好転するわけではない。経営には素人同然の泰だったが、努めて社員の声に耳を傾け社内をまとめることに集中した。同時に取引先に対しては、誠実で丁寧な仕事を心がけたのだった。

社長に就任して間もなく朝鮮戦争が勃発し、日本は「朝鮮特需」に沸く。ここからの五年間、泰の専門商社は好景気の波に乗って急速に業績を伸ばしていく。その結果、社長不在の間の「手伝い」だった代理業も終わる。というのも、社長と音信不通の状態が続く一方で、泰のもとで会社の業績は右肩上がりを続けていたため、社員たちが正式に社長就任を要請したからである。

そしてこの五年間は、泰の生き方や人生観に強い影響を及ぼす出来事が続き、彼のその後の人生を大きく変えることになった。

会社の業績を好転させ、経営を軌道に乗せることに成功したことで、社長として泰にもそれなりの蓄えができた。しかし彼は、もともと学者志望だったこともあり、いつまでも社長業を続けるつもりはなかった。手伝いから始めた専門商社の経営がうまくいったのは「朝鮮特需」の波に乗っただけで、格別自分の経営手腕が優れていたわけではないというのが、彼の分析であった。

だから、手元にそれなりの財産がある間に将来に備えたいと考えたのである。そのような考えを強めていた父・泰に株式と不動産への投資を勧めたのが、仕事を通じて面識を得ていた証券会社の首脳だった。

日本は朝鮮特需を経て一九五四年から高度経済成長期に入るが、この時期に父・泰はアドバイスを受けて、株と不動産に積極的な投資を行って大儲けしたのだった。ひと財産を作ったことで、泰は高級住宅地の芦屋に自宅を構えるとともに、不動産投資のひとつとして数軒の住宅を保有するまでになった。

以降、株式投資と不動産投資による資産運用が、泰の「仕事」となった。

その五年の間に、泰の私生活にも大きな変化が訪れていた。日本銀行大阪支店に勤務していた妻・順子を見初め、一九五三年に結婚したのである。そして結婚を機に、泰は日本に帰化している。というのも、中国共産党が内戦を制覇し、中華人民共和国を樹立したことで、泰の国籍は自動的に「台湾」に変わっていたからだ。台湾に住んだことも訪れたこともなく、将来的に移住するつもりもなかったので、帰化を決断したのである。

こうして房広治は芦屋に生まれ、経済的に何不自由なく暮らせる環境のもと、彼は「日本人として育てられる」ことになったのだ。

房は、少し変わった子供であった。泰が株式投資のため、証券会社からの情報だけでなく専門書や雑誌を購読していた。そのひとつに「会社四季報」があった。その四季報に房は強い関心を持った。専門用語など分かるはずもなかったが、読めば読むほど彼の興味をそそった。

そんな幼い息子を父親は、叱るようなことはなかった。むしろ逆に、自分の管理のもと息子に株式投資の勉強を自由にやらせたのだった。そして房が十二歳のころ、父親の管理のもとで初めて株の購入を認めた。そこで房が購入した株は、ソニーと松下電器産業（現、パナソニック）である。電機メーカーといえば日立・東芝の時代に、家電ブームを牽引する二社とはいえ、ソニーと松下を選ぶのはなかなかのものである。房によれば、中学時代には学校の勉強はしないで、株式投資の勉強ばかりしていた、という。

房広治は、兄の後を追うようにして六甲学院（中学・高校）に進み、そして早稲田大学理工学部に入学した。だが、専攻は「経営システム工学」で、技術そのものよりも「経営」の視点からのマネジメントやビジネスの仕組み作りに関心があった。

房もまた父親同様、教育への投資には費用を惜しまない家訓に従い、卒業後は海外留学を考えていた。ほとんどの同級生が留学先にアメリカを選ぶなか、房は父親が当初目指した英国を選ぶ。

その理由を房は、こう説明する。

「それほど深い理由があったわけではありません。ただ私の周りを見ても（同級生の）ほぼ全員が留学先にアメリカを選んでいましたので、それじゃ面白くない。みんなと同じではつまらないと思い、英国を選んだだけです」

留学先選びの動機というか経緯が、どこか父親と似ている。

## アウンサン・スーチー女史の下宿人

一九八二年九月、房広治はオックスフォード大学・大学院に入学した。

この留学期間中に、房は後に日下部進と一緒に仕事を始めるキッカケとなる人物、アウンサン・スーチー女史に出会う。最初の出会いは、入学早々、大学の研究所で房が新聞を読んでいたとき、入室してきた彼女から笑顔で「ハーイ」と声をかけられた時だった。それから二年後、再び房は声をかけられ、そしてアウンサン・スーチー家の自宅の下宿人第一号になるのである。

房によれば、下宿を許されたのは日本人学生は真面目で部屋も整理整頓して清潔に使ってくれるし、深夜騒ぐなどの非常識な行動もしないという理由からだったという。さらに房は一年に及ぶ下宿生活で、スーチー女史から野菜中心の手料理を振る舞われたり、時には祖国や父であるアウンサン将軍への思いを聞いたこともあったと話す。なお、アウンサン将軍は「ビルマ（当時、現・ミャンマー）建国の父」と呼ばれる国民的英雄で、ビルマの独立運動を主導し、その目的達成直前に暗殺された。

その後、アウンサン・スーチーはミャンマーに帰国するが、当時は軍事独裁政権の時代で、学生を中心に民主化を求める運動は激しさを増していた。スーチーは父親の強い影響を受けていたことから民主化運動に呼応し、軍事政権に反対する政治活動を始める。時の軍事政権は「ビルマ建国の父」の娘が持つ国民への強い影響力を恐れ、自宅軟禁などを繰り返し行うことで彼女の自由を奪った。

一方、房広治にも、大学院在学中に転機が訪れる。

房が執筆した研究レポートの数本が英国の有名投資銀行の目にとまり、オファーを受けることになったのだ。面接で投資銀行の幹部が「（銀行に入ったら）何かしたいことはあるのか。何がしたいのだ」

と質問してきたので、房は「（入社したら）とにかく、私にM&A（企業の合併・買収）をやらせてください。M&Aがしたいのです」と即答していた。

当時は「M&A」業務はまだ新しく、金融界でもポピュラーではなかった。しかも房は日本人留学生である。面接した幹部は最初は困惑した表情を見せたものの、房によれば、すぐに「なかなか面白いヤツだな」と思われ、面接の評価は悪くなかったという。

一九八七年の夏、房広治はその投資銀行に入社し、M&Aアドバイザリー業務に従事する。日本人の本格的なM&Aアドバイザーは、欧州では初めてのことだった。

こうして房は、インベストメント・バンカーとしての道を歩き始めるのである。

その房に新たな飛躍のチャンスが訪れたのは、一九九〇年である。一月にM&Aビジネスで世界的に有名なS・G・ウォーバーグ（本社・ロンドン）からオファーを受け、転職したのだ。そしてわずか一ヶ月後には、M&A課長として日本へ派遣され、翌九一年五月に日本で初めて公開会社のM&Aを成功させる。これによって、房は証券業界（インベストメントバンク業界）で一躍有名人となったのだった。

房広治は、ウォーバーグの日本法人でも着々と業績を伸ばしていく。一九九七年には野村證券など日本の四大証券を抑えて、外資系としては初めてインベストメントバンキング業（M&Aのアドバイス料と株式引受手数料の合計）で日本一の座を射止めている。これを契機に、日本の証券業界は「外資系ブーム」で賑わうことになる。

その後も房は、インベストメント・バンカーとして日本で活躍した。その実績と評価を表す指標のひとつとして、三十八歳の若さでＵＳＢ信託銀行の会長兼ＣＥＯに抜擢されたことが挙げられるであろう。なお当時、ＵＳＢ信託銀行は日本で最高の格付けを取得していた民間銀行である。

ところで、房広治はロンドン本社に戻された翌二〇〇四年、会社を退職して投資顧問会社を設立している。独立は房の長年の夢だったが、設立時にはすでに世界的に有名な機関投資家から百億円を超える資金の運用を依頼されていたというから、その準備がいかに用意周到に進められてきたかを容易に想像できる。

房自身は「お金を使うことには全く興味はありません。でもお金を儲けることには、とても関心があります」と資金運用の魅力を語る。おそらく子供の頃に初めて購入したソニーと松下電器産業の株が値上がりし、かなりの売却益を手にした経験が、房に金儲けの面白さを覚えさせていたのかも知れない。

房が機関投資家から預かった資金の運用を開始したころ、日下部進はソニーを退社し、新しい道に踏み出していた時だった。二人は、同じ頃に次へのステップに進むべき「新しい道」を選択していたのである。

房広治は、設立した投資顧問会社が運用を開始した二〇〇五年に高い運用益を記録したことから、金融専門誌の日本株部門で「ファンド・オブ・ザ・イヤー」に選ばれるなど、ファンド・マネージャーとしての地位も確実にしつつあった。その後も房の事業は順調に推移するが、そんな房のもとに自宅軟禁状態にあったアウンサン・スーチーが解放されたという朗報が届けられるのは、二〇一〇年十一月末のことである。

スーチー解放の第一報に接したとき、房は「すぐにでも、会いたいと思い立った」という。しかし房がミャンマーに入国したのは、約一年後の二〇一二年二月である。房はミャンマー最大の都市・ヤンゴン（旧首都）のホテルで、友人の手引きでスーチーと二十七年ぶりの再会を果たした。

アウンサン・スーチーは自宅軟禁を解かれると政治活動を再開し、房が会った時には軍事政権と対峙する国民民主連盟（ＮＬＤ）を率いて、二カ月後の連邦議会補欠選挙に自ら立候補するための準備中でもあった。

スーチーは房に対し、軍政下で貧しい暮らしを強いられているミャンマーの多くの国民を幸せにするためには、何よりも政治の民主化（軍政から民政への移行）が必要であり、さらに経済や社会にも民主化を広げていく重要性を説いた。

そのとき房は、ミャンマーがいままさに大きく変わろうとしている歴史的瞬間、その時が来たのだと確信したという。同時に房は、ビジネスとしてではなくスーチー女史が目指すミャンマーの民主化を手助けしたい、と心から思ったとも回想した。

その頃の房にとって、必要な資金を世界中から集めてくることでは誰にも負けない自信があった。しかしその資金で何をすれば、ミャンマー民主化の手助けになるのかは、まだ漠然とした考えしかなかった。アウンサン・スーチーと再会した翌年の忘年会で房は日下部進に出会うのだが、ミャンマーの案件と日下部と組んで何かをするというアイデアは房の頭の中ではなかなか結びつかなかった。

## 銀行口座をもたない国民

房の述懐――。

「塩村さん（仁）が、何度も『日下部は天才だ』と仰っていましたし、『よく考えろ』とも言われました。日下部さんと会った後も、フェリカや彼について書かれた本などを読んで勉強しているうちに『なるほど、日下部さんは日本の宝物かも知れない』とまで思うようになりました。それでも、日下部さんと一緒に仕事をする具体的なイメージは、（私には）湧いてきませんでした。ただ『物理の天才』と言われた日下部さんのアイデアと技術が生きるようなサポートを私がしてあげられたら、ビジネスとしても成功するのではないかと思いました」

二〇一六年一月、アウンサン・スーチーは二人のスタッフを彼女の母校であるオックスフォード大学へ派遣した。前年の十一月の総選挙で彼女が率いるNLDが圧勝し、スーチー政権誕生が確実になったことを受けたものだ。二人は、スーチーからの「ミャンマーの経済改革を支援して欲しい」というメッセージを携えていた。さっそくオックスフォード大学では、副総長のニック・ローリンズ教授が十数名の専門家を招集し協議の場を持った。その専門家のひとりに房広治も選ばれていた。

房はオックスフォード大学を卒業後も、同大のカレッジの評議員を務めるなど親密な関係が続いていた。また会社も自宅もオックスフォード市内にあるため、協議に参加するにしても地理的な障害はなかった。

「協議に参加していたとき、いろんな意見が交わされる中で、ふと日下部さんの顔が浮かんだんです。そんなこと、初めての経験でした。そして日下部さんから伺った話を思い出していました」

その協議の場は、房広治にとって塩村の雲をつかむような話が形になるかも知れないと思えた瞬間でもあった。房は、すぐさま日下部を訪ねることにした。

日下部進に対し、房はアウンサン・スーチーが考える民主化やミャンマーの経済状況を説明したあと、自分が一番困っていること、ミャンマーでは国民のほとんどが銀行口座を持たないため何かを始めるにしてもスムーズに進まない悩みを相談したのだった。

日下部は房の話を聞き終わると、ひと言こう訊ねた。

「ミャンマーでは、携帯電話やスマホを持っている人は、どのくらいいるのですか」

「いや、ほとんどの国民が携帯を持っていますよ」

と、房は日下部の質問の意図を訝《いぶか》りながらも答えた。

すると日下部は、簡単なことだと言わんばかりに即答したのだった。

「だったら、おサイフケータイとクラウドがあれば、（銀行口座を開くのと）同じことです。わざわざ銀行口座を開く必要なんてありませんよ」

おサイフケータイは、前述した通り、電子マネーを搭載した非接触ＩＣカードと同じである。プリペイド（前払い）という形で私たちは支払いに回すお金を電子マネーに換えているが、それは自分の口座に「預金」しているようなものである。この機能を使えば、日下部は銀行に口座を持っているのと同じであると言っているのだ。いわば「デジタル口座」である。

さらに、おサイフケータイが非接触ＩＣカードと違うのは、携帯電話ネットワーク（電波）を利用してインターネットに接続できることである。つまり、おサイフケータイで決済処理すれば、リアルタイムでインターネット上のサーバー（クラウド）に繋がり、決済内容を同期できるのだ。

房にとって、日下部のアドバイスはまさに「目から鱗」であった。すぐにオックスフォード大学を通じて、房は日下部のアイデア――おサイフケータイを搭載した携帯電話を持てば、実質的に銀行口座を持つのと同じ――をミャンマー側に伝えた。ミャンマー側の反応は、すこぶる良かった。

そのとき房は、塩村からの宿題にやっと取り組むことが出来る、日下部と一緒に大きな仕事が出来ると思った。しかし事態は、房が考えたようには進まなかった。というのも、肝心のミャンマーでは、政情不安が続いていたからだ。

軍政下の憲法でスーチーは大統領（国家元首）就任が禁じられていたために、二〇一六年三月に樹立した新しいミャンマー政権では一閣僚として入閣するに留まった。だが、国内外では事実上の「アウンサン・スーチー政権」と見なされた。

軍事政権を倒す（軍政から民政への移行）という目的のために集結したスーチーのＮＬＤを始めとする反政府勢力にとって、その目的が達成されれば、自ずと互いの考えや政策の差違が目立つようになる。とくに権力を握ったアウンサン・スーチーとＮＬＤの強引な手法に対し、かつての支持団体からも批判が高まった。

たとえば、新たに「国家顧問」なるポストを設け、スーチーを任命する法案を成立させたことである。国家顧問の重要なミッションのひとつに大統領への「助言」があるが、スーチーの政治的な立場を考えるなら実質的な大統領への「指示」になることは否定できなかった。

このような手法やスーチーの新政権における立場に対し、ミャンマーの憲法を無視しているとか権威主義的であるといった批判が国内だけではなく海外からも発せられるようになったことも、スーチーの指導者としての評価や国際的な名声に悪影響を及ぼしかねないものであった。

いわば、ミャンマーは新しい国作りの途上にあって、その産みの苦しみと戦っている最中にあったのである。それゆえ、房のミャンマー側への提案が採択される可能性、その優先順位が低くなることはやむを得なかった。房に残された選択は、その時が来る日を待つことであった。

## 仮想通貨ブーム

ミャンマーでスーチー率いる新しい政権が誕生したころ、日本では仮想通貨「ビットコイン」による決済がスタートしていた。それ以降、大手企業の数社がビットコイン決済に乗り出すなど、仮想通貨が社会の関心を集めるようになっていく。とくに翌二〇一七年後半以降には、仮想通貨の価格が急騰したことによって、仮想通貨市場は活況を呈したのだった。そしてこのビジネスチャンスを逃がすなとばかりに、ビットコインを追いかけるように新たな仮想通貨が次々と誕生していった。

そうした「仮想通貨ブーム」に対し、房広治は金融マンとして第一線で活躍した経験から何かしらの胡散臭さと危険な匂いを感じ取っていた。仮想通貨を舞台にして、いったい何が起きようとしているのか、いや起きつつあるのか。そもそも仮想通貨とは、いったい何物なのか――そのような疑問のいち早い解明が房にとって、ミャンマー案件の次の大きな関心事になっていた。

というのも、房は日下部との出会いを作った六甲学院OBで先輩の塩村仁の生き方に強い影響を受けるようになっていたからだ。塩村が経営する製薬会社・ノーベルファーマの企業理念かつ使命である「必要なのに顧みられない医薬品・医療機器の提供を通して、社会に貢献する」という考えに感銘し、心から共鳴していたのである。それに加えて、スーチーを通して「ミャンマーの民主化」という大きな時代の変化を皮膚感覚で体験したことも、彼に貧困といった社会問題などに目を向けさせるようになっていた。

房広治は「お金を使うことよりも、お金を稼ぐほうに魅力を感じる」と公言して憚《はばか》らなかった。その房に対し、塩村たちは「いったい誰のために稼ぐのか」、それが「世の中のためになるのか」といった、お金を稼ぐことそれ自体の本質的な問いかけを行うことで、人間として生きていくうえで大切なこと、社会的な使命を考えさせたのである。

房にとって仮想通貨の判断基準は、多くの国民を幸せにするものなのか、将来的に不可欠な存在になるものかなど、あくまでも国民の利益に沿うかどうかにあった。その判断のためには、多忙を極める房ではあったが、そこはなんとしてでも仮想通貨を徹底的に分析し検討する時間を工面する必要があった。

そしてそれは、思わぬところから生まれる。

二〇一七年四月、房広治は家族とともに春スキーを楽しむため、日本有数のリゾート地である北海道のニセコ町を訪れていた。シーズン二度目の訪問となったのは、なによりもパウダースノーの国際スキー場がすっかり気に入ったからである。

ところが、房が家族とともにゲレンデを滑走していたとき、加速し過ぎたのか身体のバランスを失い、彼は転倒してしまう。しかも一回転して首からゲレンデに落ちたため、脊椎を痛めるというアクシデントに見舞われるのだ。すぐに病院に運ばれたものの、闘病生活は約一カ月にも及んだ。一時的とはいえ、脊椎損傷で首から下に麻痺が出てしまい、不自由な身体での入院生活となった。

しかし房広治は、そのような状態でも落ち込んだりすることなどなかった。もともと何ごとも前向きに受け止める性分だったこともあって、房は入院で手に入れた有り余る時間を仮想通貨、いやビットコインの研究・分析にあてることにしたのである。

ビットコインに関する文献やデータなどを通して全体を把握していくとともに、現実のビットコインにまつわる動きやそのビジネス状況を研究・分析すればするほど、当初房が抱いた疑念や不信感は確信へと変わっていった。

## 誰でも利用できるわけではない通貨

ここで、ビットコインや仮想通貨全般について、簡単に触れておく。

ビットコインが生まれる契機は、サトシ・ナカモトなる人物が二〇〇八年十月にビットコインに関する論文をインターネットに公開したことである。その論文は世界中の多くの研究者や開発者から注目され、また彼らを刺激した。三カ月後の〇九年一月には「ビットコイン」が作られ、一年後にはビットコインと米ドルや独マルク、日本円など実際の通貨（法定通貨）を両替する取引所までもが設立される。

仮想通貨の取引所ないし取引業者の登場によって、二〇一一年以降、ビットコインは世界中に広まっていく。しかしそれは、ビットコインの保有が急速に広まっていくキッカケを作ったに過ぎない。むしろ仮想通貨本来の特徴が、ビットコインの保有者にとってきわめて魅力的だったと考えるべきであろう。

仮想通貨とは、インターネットを始めとするネットワーク上で電子データだけで取り引きされるデジタル通貨の一種である。

ただし私たちが日常的に使う円などの法定通貨と違って、仮想通貨には価値を担保する国家や中央銀行など管理する中央組織が存在しない。取り引きは利用者同士の相対（P2P）で行われ、その取引情報を利用者全員で監視する仕組み（ブロックチェーン）になっている。率直にいえば、仮想通貨の価値は、利用者の仮想通貨自体への信用によって担保されているのである。つまり、利用者の「信用」だけが頼りなのである。

ちなみに、電子マネーなど他の電子決済サービスでは、仮想通貨と違って、不特定多数の利用者が同時にサービス提供者（取引相手）のサーバーにアクセスさせる方法を採っている。

また、経済状況に応じて発行枚数をコントロールできる法定通貨と違って、管理者を持たない仮想通貨では決められた発行枚数を変更することはできない。たとえば、ビットコインでは発行枚数の上限は二千百万枚に決められている。そして仮想通貨の最大のメリットは、法定通貨に換金できることである。

以上のような特徴を持つ仮想通貨だが、その利用目的については、おおむね二つに大別することができる。

ひとつは「投資・投機の対象」としての利用である。

ビットコインを始め仮想通貨では、価格は固定されていない。つまり、利用者の思惑ひとつで、仮想通貨の価格は急騰したり急落しやすい面を持っている。それゆえ、価格の安い時に購入しておき、値上がり時期を見計らって売却する「売買差益」狙いの利用も可能になる。

もうひとつは「決済及び送金」手段としての利用である。

仮想通貨は法定通貨同様、第三者に譲渡（所有権の移転）することが出来る。そのため決済に利用可能である。たとえば、高額な手数料が必要な海外送金も、仮想通貨を利用すれば、割安な手数料で済ませられる。また、仮想通貨に対応した小売店やネット通販などであれば、法定通貨やクレジットカードなどと同じようにショッピングを楽しむこともできる。仮想通貨を利用すれば、手数料などの費用が格安になるというわけだ。ちなみに仮想通貨の入手方法は、一般的には取引所で購入（両替）することである。

ところで、これら仮想通貨のメリットは実際に多くの人々が利用して、それを享受できるものであろうか。

房広治は、入院中に行ったビットコインの研究分析から仮想通貨の問題点について、こんな言い回しで本質を突いた。

「結局、税金を払いたくない、隠し財産を作りたいといった良からぬことを考える一部の金持ちや、裏金を作りたい、表に出せないお金を隠したい企業や組織などのために用意されたもののような気がします」

たしかに仮想通貨は、匿名性が強い。それゆえ、儲かったお金を仮想通貨に交換（購入）しておけば、脱税もしやすいというわけだ。

その点は、「マルサ」と呼ばれる国税局査察部の査察官が脱税の疑いのあるオーナー経営者などの自宅に踏み込んでは、屋根裏や地中などに隠し持った札束の山を押さえる映画やテレビドラマが制作放映されているため、多くの国民にとって隠していた札束を仮想通貨に交換しておくメリットは理解しやすいであろう。

また当然、マネーロンダリングにも利用されやすいことは、その匿名性からも容易に推測できる。さらに言うなら、発行枚数の上限が決められているため、私たちが日常的に利用している法定通貨や電子マネー、クレジットカードなどと同じようにビットコインなどの仮想通貨が使われるようになるとは考えにくい。

仮想「通貨」と名乗りながら、法定通貨などと同じように「いつでも、どこでも、誰でも」利用できない、つまり流通しないのなら、そんなものは「通貨」とは呼べないであろう。それゆえなのか、日本政府は二〇一九年五月に「暗号資産」への呼称変更を盛り込んだ法改正を行っている（ただし、本書では「仮想通貨」の名称を使用する）。

さらに房は、ビットコインなど仮想通貨のセキュリティ面に大きな不満というか、強い不信感を抱いていたようであった。そして房の不安は、見事に的中するのだ。

一年後の二〇一八年一月に国内の仮想通貨取引所「コインチェック」から約五八〇億円という巨額な仮想通貨の流失事件が発生したし、その後もコインチェック事件ほどではないが、他の取引所からの流失事件が後を絶たなかった。

では、ビットコインのケースから安全な取り引きを行うために、仮想通貨ではどのような仕組みになっているのかを見てみよう。

安全な取り引きを支える技術は、主に二つから構成されている。

ひとつは「公開鍵暗号方式」と呼ばれる技術で、第三者のなりすましを防ぐものだ。

この方式では、「公開鍵」と「秘密鍵」と呼ばれる二つの鍵が「一組」として発行される。そして「公開鍵」は誰でも利用することが出来るが、「秘密鍵」の利用はその所有者だけに許される。

たとえば、ビットコインで取り引きする場合、送金には「アドレス」と呼ばれる宛先が必要になるが、それを公開鍵で作成し、支払いの実行には利用者にしか使用できない「秘密鍵」をサインとして使い分けるのだ。それによって、第三者によるなりすましが防止できるという考えである。

もうひとつは「ブロックチェーン技術」である。

ビットコインで取り引きされたデータは「トランザクション」と呼ばれ、複数のトランザクションをまとめたものが「ブロック」と呼ばれる。このブロックが鎖（チェーン）のように連なった状態のデータ構造を「ブロックチェーン」は指しているのである。

ブロックチェーン技術では、相対で取り引きされたデータを利用者（参加者）全員で監視するため、不正があれば即座に発覚し、不正な取引データは無効なものとして破棄される仕組みになっている、という。

ビットコインなど仮想通貨の理屈は、それなりに分かる。しかし理屈と現実が違うのは、世の常である。実際に「流失事件」は起きているし、仮想通貨のセキュリティの甘さはしばしば指摘されるところである。

利用者（参加者）全員で監視するといっても、最初から悪意を持ってビットコインの取り引きに加わった者（ハッカーなど）が取引所に預けられている仮想通貨を盗もうとするケースでは、どのような有効な対策が打てるというのか。また、サイバー攻撃を繰り返し受けて取引所や利用者自身が保有するパソコンやスマホから秘密鍵が漏洩した場合、はたして「みんな」で適切な対応を行い、セキュリティを守れるものだろうか——など、素朴な疑問は尽きることがない。

## フェリカネットワークスが示す「解」

房広治がビットコインのセキュリティの甘さに不信感を持ったのは、ひとつは彼自身が金融マンとして長年セキュリティの重要性を痛感してきたからであり、二つ目は日下部進を通してフェリカのセキュリティの高さを知ったことからであろう。

フェリカ・カードが初めて運用されたのは、一九九七年の香港の自動改札システムである。それ以降、フェリカは一度もハッキングされたことがない。つまり、四半世紀近くもフェリカのセキュリティは無敵だったのである。

その理由のひとつは、ビットコインなど仮想通貨と違って、フェリカネットワークスというメモリを管理する、つまり全体を管理する中央組織を持っていることである。サイバー攻撃などセキュリティに関することは、フェリカネットワークスが責任を持って対応することになっている。

また当初、電子マネーの乱立というユーザー無視の事態を生じさせたものの、その後に相互利用の仕組み作りを進められたのは、フェリカネットワークスというメモリを管理する中央組織があったからに他ならない。

房広治は、ビットコインの研究分析を通して仮想通貨が持つ本質的な問題を改めて認識するとともに、世界に広がった理由にも理解を示した。つまり、仮想通貨に対する評価は変わらないものの、それで終わりにするのではなく、必要とした人たちに対して具体的な「解」を示すべきではないかと考えたのである。

房は、このような言い回しで自分の思いを伝える。

「日本のどこでもいいのですが、たとえば静岡に住む人が地元の静岡銀行に円口座を持っていて、トルコに旅行します。そのトルコ旅行中に買い物などをしてクレジットカードで決済したら、カード会社に高額な手数料を支払わなければなりません。でもスマホで決済して格安な手数料で済むシステムがあれば、早くて便利でしかも費用も少なくても済みます。そのようなシステムを作りたい、作れると思ったのです」

その頃の房の目線は、一部の金持ちのためではなく多くの人たちの役に立ちたいという思いから、社会的な意義の有無に向けられていた。有り体に言えば、「世のため人のために」行うことに価値を見出していたのである。

さらに房の話は、そのシステム作りのアイデアへと続く。

「スキー事故で首から下が麻痺してしまい、入院先でリハビリを始めたのですが、その初日に頑張り過ぎて夕食後にすぐに寝てしまいました。そのため、深夜に目覚めてしまうのですが、突然、日下部さんのフェリカ（の技術）と私が持つ外国為替のビジネスノウハウを合わせれば、システムは出来るのではないかと思いついたのです」

房の話に熱がこもってくる。

「もともと日下部さんは、おサイフケータイとクラウドの組み合わせで日本円を始めすべての法定通貨はデジタル化できるという考えでした。ですから、日下部さんが開発したフェリカの技術・おサイフケータイ、クラウドで法定通貨をデジタル化し、それに私が持つFX（為替差益の取引）のノウハウを組み合わせれば、世界に一京円（九〇兆ドル）あるといわれる現預金が『すべて』、『どこでも』、『誰でも』自由に決済できるプラットフォームができるはずだと思ったのです」

房のアイデアの実現可能性についてはひとまず措くとして、私が注目したのは彼がビットコインよりももっとマシな仮想通貨を作ろうとしたのではなく、すでに世界で流通している法定通貨のデジタル化を考えたことである。さらに、そのうえで世界の人々にとって有益な利用方法、つまりプラットフォームを提示したことである。

房にすれば、一日も早く日下部進に会って自分のアイデアを話したかったであろう。しかし入院中の房にとって、その前に日下部に会えるまでに自分の体調を回復する必要があった。つまり、リハビリに専念することである。

房広治は、約一カ月の入院生活を経て車椅子で移動できるまでに回復する。そのタイミングで、ロンドンの中心から列車で一時間余りの距離にあるオックスフォードの自宅へ戻る。ただし、日本から英国までの長旅による身体への負荷を考えて、主治医は途中で休憩をとることを勧めた。そのアドバイスに従い、房は東京のホテルで二泊ほどしてから帰国の途についたのだった。

## 「エディ」でGVEを起こす

房広治は自宅で十分な療養に努めたのち、六月上旬に改めて来日した。そして日下部に会うやいなや、自分のアイデアを話し出したのだった。

そのさい、房は次の六点を強調して説明した。

二人が持つ法定通貨のデジタル化とＦＸのノウハウを組み合わせると、日本の銀行に預金（口座）があるだけで、①誰にでも、②即時に、③（手数料等が）安く、④透明性を持って、⑤個人情報を保護しながら、⑥安全な決済ができる仕組みを実現できる、というものである。

房の説明が終わると、日下部は「面白い（アイデアだ）」と肯定的な感想を述べたあと、逆に「もっと良いアイデアがあるよ」とひとつの対案を出してきた。その対案とは、日下部にソニー退社を決意させるキッカケとなった理由のひとつ、ＧＶＥというアイデア、「仕組み」である。

じつは日下部はソニー本社以外にも、ＧＶＥの採用を呼びかけていた。それは、ソニーの子会社だった電子マネー「エディ」の運用会社「ビットワレット」である。日下部が開発したエディだったが、その頃には彼はビジネスにも開発にもタッチできない場所に異動になっていた。それでも、エディの行く末が気になって仕方がなかったのだろう。

ソニーは、日下部の警告を無視してエディ単独での電子マネー事業に乗り出していた。しかしその先には、電子マネーの巨人「スイカ」との競争が待っていた。日下部は、勝ち目のない戦いに挑まされたエディの将来を危惧したのである。

日下部は、エディの危うい当時の状況をこう説明する。

「エディは、このまま行くとおかしくなる（実際、のちに楽天に売却される）と思いました。一番おかしくなることは、スイカやパスモ、ナナコなど他の電子マネーの普及拡大でエディの使える場所がなくなってしまうことです。もし使える場所がなくなれば、エディを持っていても仕方がないわけです。そういう事態が起こらないようにするためにも、私はＧＶＥをやりましょう、ＧＶＥを起こしましょうと提案したのです」

日下部はソニー本社に対してはテレビなどＡＶ製品へのＧＶＥの適用を提案したが、ＧＶＥそのものはアイデアであり、ひとつの仕組みなので、いろんな事業分野での利用は可能であった。だから、電子マネーを含む金融分野での利用にも問題はなかった。

では、日下部が言う「エディでＧＶＥを起こす」とは、どういう意味なのか。

「エディを他の電子マネーと交換できるようにしましょう、ということです。しかも自分（ビットワレット）でイクスチェンジ（交換）するとはどういうことかと言うと、自分で金券ショップを運営しましょうということです。もちろん、交換するにあたっては金融庁を含めいろんな問題があります。ただ現在、それが出来るのは唯一、金券ショップだけなんですよ。金券ショップは警察庁の担当で、金券ショップをするには古物商の免許が必要になります。だから、（ビットワレットには）古物商の免許を取ってＧＶＥをやりましょうと提案したのです」

ビットワレットは当時、電子マネーの発行と運営という最先端ビジネスの先頭を走っており、その企業に古物商の免許を取得して、いわゆる「中古販売」のビジネスをやりましょうと言ったわけだから、さぞかし言われた方は驚いたことであろう。

さらに、日下部の説明は続く。

「GVEをやると何が起こるかといえば、単純にいえば、エディは大量の退蔵益を受けることになります」

退蔵益とは、プリペイドカードや有価証券（たとえば、商品券）などが使われないまま失効したことによって発行者側が得る利益のことである。

「世の中で一番退蔵益を出しているのは何かと聞かれれば、それは地方の百貨店の金券なんです。なぜかというと、地方の百貨店の金券は（その百貨店がある）その地方でしか使えないため、貰った人はその地方に住んでいなければ、ほとんど使う機会がないからです。つまり、百貨店が金券をいくら発行しても、使いにくいので自分のところにはほとんど戻ってこないのです。で、貰った人はどうしているかといえば、金券ショップに行って使いやすい他の金券に交換しているわけです。ですから、使いにくい地方の百貨店の金券は市場に滞留してしまうわけです」

しかしこの滞留は、日下部によれば、悪いことばかりではないという。

「地方の百貨店の金券を貰うと、もっと使いやすいものに交換しようということになります。しかも金券ショップでは、逆に金券が安く買えるからいいわけです。金券ショップが勝手にディスカウントして安い値段にしているわけです。その安くなった金券を買った人は買い物にきてくれますから、百貨店にとっても好ましいことなんです。しかも百貨店は、市場（金券ショップ）でいくら値段が安くなっても、決して損はしません。すでに代金はもらっていますからね。だったら、金券をどんどん発行していけばいいじゃないか、買ってくれる人がいる限り、という話になっていきます」

ＧＶＥを作れば、たしかにエディとスイカで交換できるようになる。しかしそれは、日下部が指摘したようにエディが市場に滞留することでもある。それが、エディにどのようなメリットを与えるというのだろうか。

たとえば、電子マネーの機能しかないエディと違って、スイカは電子乗車券の機能も備えている。しかもパスモなど交通系の非接触ＩＣカードと相互利用できるため、エディよりも使い勝手ははるかにいい。当然、市場ではエディよりもスイカに高い評価を与えるだろう。一千円課金したスイカであれば、買い取り価格が九百五十円だとしたら売値は九百八十円ぐらいを仮定すると、使い勝手の悪いエディは買い取り価格は九百円で売値はよくても九百五十円ぐらいになるだろうか。そうなれば、使いやすいスイカは市場で少なくなっていき、価格も高騰するしかないのではないか。

私の疑問を認めたうえで、日下部は「だからといって、それが決していいわけじゃないです」と断ってから次へ話を進めた。

「たとえば、円高になれば、輸出産業にとってはいいでしょうが、輸入産業は仕入れる原材料等の値段が高くなってマイナスです。つまり、どちらがいいかなんて分からないし、決めるものでもないいんです。むしろ逆に、その幅を大きくすることと狭くすることのどちらがいいのか、という問題になります。金融的に考えたら、絶対に幅を大きくしたほうがいいんですよ。それが唯一可能なのは、売買の両方（イクスチェンジとエバリュエーション）を（ひとつの組織で）同時にやれることなんです」

日下部は自前の金券ショップを持つことで、エディの滞留が増えすぎたり、スイカが市場から少なくなりすぎた時には、エディとスイカの売買を直接行えるためバランスを容易にとれると言っているのだ。喩えて言うなら、円の為替相場が急激な円高などで不安定になった時に、日銀が市場に介入（円売り）して安定化を図るようなものである。

しかしエディ側の反応は、捗々《はかばか》しいものではなかった。

日下部の提案に対して、経営幹部のひとりは「市場で比較されたくない。もしスイカよりもエディのほうが安いと言われたら、エディがスイカよりも劣っているように思われるじゃないか」と強い拒否反応を示したのだった。

日下部は呆れ果てる。

「エディを使う場所がなくなるかも知れないという状況があるから、そうならないような仕組みを提案したのです。それなのに、安くなるのは嫌だとか、比べられたくないとか言い出すわけです。こういう考え方しか出来ないのなら、もう何を話しても無駄だと思いましたね」

日下部が「話しても無駄だ」と受け止めたのは、無理もない。彼がエディ側に伝えたかったのは、金融は水道や鉄道、道路などと同じ社会的なインフラであるという事実だ。エディが電子マネーとして生き残るためには、なによりもまず金融というインフラに流通し続けなければならない。それが出来なくなったとき、エディはその存在意義を失ってしまうからだ。だからこそ、どんな形であれ、まず流通させることを日下部は第一に考えたのである。しかしエディ側では、他人の評価ばかり気にして、生存のための優先順位の判断すらできなくなっていたのである。

## 法定通貨のデジタル化

こうして、日下部が考え抜いた「GVE」というアイデアは、ついにソニーでは日の目を見ることはなかった。その因縁のGVEを日下部は、房への最適な答え（仕組み）だと判断し、彼に話したのである。日下部がGVEを提案するのは、ソニーを退社してからじつに十四年ぶりのことだった。

その時のことを日下部は、こう回想する。

「房にどうすると訊ねたら、『やりたいです。是非、やらせてください』というから、房にやらせることにしたんです」

しかし私は、彼の「やらせることにした」という発言に不思議な違和感を覚えた。というのも、日下部と房の二人の出会いそのものが「一緒に仕事をさせたい」と考えた六甲学院先輩の塩村仁の計らいだったからだ。それでも私は、房が始める事業の経営に日下部がまったく関与しないとは考えられなかった。

じつはその時には、日下部の関心はすでに次の研究テーマに移っており、しかも研究に専念するためにクアドラックを去ることも視野に入れていたのだった。そのような日下部が置かれた状況を私が知るのは、ずっと後になってからことである。

一方、房広治は日下部からの適切なアドバイスを受けて、法定通貨のデジタル化（ＣＢＤＣ）とそのプラットフォームの構築に自信を深めていた。

ただしＣＢＣＤの開発については、房が当初考えていた日下部のフェリカの技術（とくにおサイフケータイ）とサーバーを組み合わせるやり方ではなく、フェリカとはまったく関係のない別の方式が採用された。しかもそれは、日下部が提案したものだった。

たしかにフェリカは、運用開始から一度もハッキングされたことのない強固なセキュリティを誇っている。個人認証や機器認証、決済サービスでは、その処理スピードはわずか〇・二秒である。しかしその優位性はネットワークの発達が十分でなく、端末（非接触ＩＣカード）で処理する必要があった時代ならではのものでもある。

たとえば、電子マネーと電子乗車券機能を持つＪＲ各社や私鉄などの交通系の非接触ＩＣカードでは、自動改札機を通るたびに、カードのメモリに決済した金額と乗降駅を記録させたのち、あとからまとめて各社のサーバーに同期させる仕組みを採用している。電子マネーとしてショッピング等で利用した場合も、同じである。つまり、フェリカのプラットフォームで作られた非接触ＩＣカードはすべてオフライン処理なのである。

しかしフェリカが香港でオクトパスカードとして初めて運用されてから二十年以上も経た現在、ネットワークは光回線による高速大容量を実現するとともに都市以外にも広く普及したし、サーバーもクアドラック社のQ−COREのように一秒間に数千ものトランザクション処理をリアルタイムで遅延なく行える高性能なものも開発されてきており、ネット環境は充実した時代を迎えている。

とくにモバイル（携帯電話）ネットワークの発達はめざましく、携帯電話やスマホを持てば、どこにいても容易にインターネットに、つまりオンライン上のサーバーに接続できるようになったと言っても過言ではない環境にある。

社会は、オフライン処理からオンライン処理（リアルタイム処理）の時代を迎えつつあったのだ。それゆえ、日下部がオフライン処理のフェリカではなくオンライン処理の新しい方法を提案したのは、至極当然なことであった。

そしてそれは同時に、オフライン処理の時代と違って、膨大な作業と高コストから解放されることでもある。たとえば、フェリカ・カードのメモリには決済内容や個人情報等が記録されているため、ハッキング対策は最優先事項である。それには、たえずセキュリティの強化が求められる。つまり開発コストがかかるのだ。

それに対し、オンライン処理になれば、処理はネット上のサーバーで行うためアクセスに必要なIDがあれば済む。仮にハッキングされたとして、メモリにはIDしか記録されていないので、それによって決済内容や個人情報が盗まれることはない。

## デジタル通貨「ＥＸコイン」

日下部進のアドバイスを受けてから約半年後の二〇一七年十一月十日、房広治は日下部の夢「ＧＶＥ」を実現するための組織、その名前を社名に使った「ＧＶＥ株式会社」（本社、東京・日本橋）を設立した。ただし、代表取締役に就任した房が事業のパートナーに選んだのは、日下部本人ではなく彼の子息・佑であった。日下部自身は技術面のアドバイザーとして「特別顧問」に就任していた。

房のビジネスパートナーとして日下部の子息は、はたして適任なのか。日下部が考えに考え抜いたＧＶＥの本質を理解しているのだろうか——そう思った私は、日下部に私の疑問をぶつけた。

「私は学生時代には、すでに自分で仕事を見つけてはその仕事をするようになっていました。その時の私と同じように、息子にも大学生の時には私の仕事を手伝わせるようにしてきました。大学卒業後も、私が作った会社『ＫＳＫＢコンサルティング』に入れて仕事をさせてきましたから、私の考えやＧＶＥについては理解していると思います」

そう言って、日下部は息子に全幅の信頼を置く。だが同時に、彼は「親子ですから、何かあれば（技術的な問題には）私に聞いてくるでしょうし、その時は私も相談に乗りますので心配はしていません」と親心も覗かせたのだった。

ＧＶＥ社は、法定通貨のデジタル化（ＣＢＤＣ＝中央銀行デジタル通貨）のプラットフォーム開発とその運用を事業目的にしている。そのプラットフォームに対し、房はＧＶＥ社が独自開発したことを明確にするためにも固有の名称を付けたいと考えた。

「日下部佑さんがいろいろとアイデアを出され、商標登録されていない名称であることを確認したうえでいくつかピックアップしました。また、GVEの機能のひとつである『交換』を意味する『エクスチェンジ』も参考にしました。そのうえで、エクスチェンジの頭文字から『EXC』をとって、EXCプラットフォームと名付けたのです」

翌十二月、GVE社は通貨・決済プラットフォームの特許として「EXC」を、PCT（特許協力条約）に基づいて国際出願した。この制度では、自国の特許庁に国際出願書を一通提出さえすれば、すべてのPCT加盟国に対しても同時に出願したものと見なされるため、多くの国で特許申請を考えている者にとっては、負担の少ない、そして非常に効率的な制度である。

GVE社では現在（二〇二〇年十月時点）、日本で二件（二十一請求項）、米国で一件のEXC特許が成立している。EUと中国、インドでは「出願中」である。

房広治は、GVE社設立から一年後の二〇一八年十一月、EXCプラットフォームに基づく「EXコイン」を海外の取引所に上場する。つまり、EXコインを発行し、その取引を始めたのである。その事実を知ったとき、私はEXコインを仮想通貨だと思い、仮想通貨嫌いの房がどうして……と意外に思ったものだった。

すぐに房に確認すると、強い口調での反論が返ってきた。

「EXCトークン（EXコインのこと）が仮想通貨と呼ばれると誤解を生じますので、私たちはデジタル通貨と呼んでいます。ただしその際には、外貨準備高ユニオン（連合）という概念と一緒に提唱しています。現在のＩＭＦ・世銀体制ではアメリカがドルを発行する権利を独占しており、それを発展途上国が不公平だと感じていることに応えるために（ＥＸコインは）作り上げたものです」

さらに房は、力説する。

「いまは、ドルが二国間のＦＸ取引で大量に使われています。これをビークルカレンシーと経済学では呼ぶのですが、そのデジタル版になるために必要な要素をすべて含んで設計されたものが、ＥＸＣトークンなのです。たとえば、法定通貨のデジタル化だけでは、日本の銀行に口座を持つ人間が英国のロンドンでポンドを使った場合、銀行経由だと三千円、カード会社経由だと約三パーセントの手数料がかかってしまいます。しかし（ＥＸＣは）従来の交換コストを半分以下に抑えられるデジタル・ビークカレンシーの特許を申請し、二〇一七年十二月五日に日本とアメリカで成立しています。発展途上国のニーズにも合わせている点が、（ＥＸコインが）他社のデジタル通貨よりも優位性を出せていると思っています」

房の発言から分かるのは、彼が「ＩＭＦ・世銀体制」の不公正さを正すことで、発展途上国にも等しく発展のチャンスを与えようとしていることだ。そのキーとなるが、ＥＸＣプラットフォームとＥＸコインというわけである。その意味では、房の発言はＥＸコインの最終的な目標と理想の姿を語っているといえる。

次に、房の語るＥＸコインの最終的な目標を見てみよう。

外貨準備とは、政府および中央銀行等の金融当局が為替介入や通貨危機などで外貨建て債務の返済が困難になった時に使用する準備資産のことである。この準備資産には、房の指摘のように機軸通貨である米ドルが大半を占めている。米ドルが他の通貨と比べて、圧倒的に世界的な信用があるからだ。

しかし「万が一」に備える準備資産は、他の目的に流用することはできない。つまり、米ドルを唯一発行できるアメリカにとって、米ドルで蓄えられた準備資産（外貨準備）は退蔵益（通貨発行益）になる。他方、外貨準備高が多くなればなるほど、自由に使えないお金が増えるためアメリカ以外の国にとって負担は大きくなる。

発展途上国のような財政的な体力が弱い国にとって、その負担の増大は国の発展の深刻な足かせになる。だが、準備資産の一部でも米ドルに代わって自国で発行する新たな通貨で補えることが出来れば、負担は軽くなるし、自由に使える資産も生まれる。問題は、その通貨の価値をどう担保するか、である。

それに関しては、房はＥＸコインが対応できると主張する。複数の国がＥＸＣプラットフォームとＥＸコインを採用すれば、互いの信用で「価値を保存する機能」が生まれ、ＥＸコインを介した決済や送金などのコストは大幅に抑えられるというのである。

金融の専門家らしい房の世界を視野に入れた説明はさらに続くが、素人の私には難しすぎるため本来のテーマであるＥＸコインに戻って、少し具体的に房の主張を検討してみたい。その検討を通じて、房とＧＶＥ社の意図も自ずと見えてくるはずである。

房広治は、ＥＸコインは仮想通貨ではないと明言する。ならば、仮想通貨を代表するビットコインと比較し、その違いからＥＸコインをデジタル通貨と呼ぶに相応しいかを考えることにする。

ほとんどの仮想通貨では、発行枚数に制限が設けられている。ビットコインでは、その上限は二一〇〇万枚である。一方、ＥＸコインにも上限が設けられており、同じく二一〇〇万枚である。

また発行主体も管理する中央組織もないのが、多くの仮想通貨の特徴である。同様に、ビットコインも発行主体を持たないし、管理する中央組織も存在しない。代わって、ブロックチェーンと呼ばれる技術によって利用者（参加者）全員で管理し、その価値を担保する仕組みであることは前述した通りである。しかし現実は、情報漏洩は後を絶たないし、市場価格は急騰・急落することも珍しくなく投機の対象になりがちな側面があり、その匿名性からマネーロンダリングの温床になる可能性も指摘されている。

それに対し、ＥＸコインには発行主体も管理する中央組織も存在する。

ただしＥＸコインを発行・管理しているのは、ＧＶＥ社ではなく別組織の「グローバル・マネタリ・ファンデーション（ＧＭＦ）」という財団である。ＧＭＦは房たちが立ち上げた法人であるが、株式会社ではなく財団にした理由を房自身はこう説明する。

「もし株式会社にしたら、株式会社は利益を追求し、株主の利益を優先させる組織ですから、ＥＸＣトークンを使う利用者の利益を守る、優先させることと矛盾してしまいます。しかしＧＭＦには株主はいませんので、発行したＥＸＣトークンの保有者の利益だけを考えて運用すればいいわけです。デジタル通貨の発行体としては、公正で透明な運用が可能なので最適な形態だと考えています」

セキュリティに関しては、ＥＸコインではブロックチェーン技術は利用していない。ＥＸコイン保有者の「発行情報」や「口座情報」、「履歴情報」に対し、それぞれ個別ＩＤが割り当てられ、相互に対応した取り引きではなければ認証されない三権分立型のシステム（三ウェイ・データベース方式）を採用している。つまり、取引情報のとり方を三つにする（関門を増やす）ことで、取引所や中央銀行、商業銀行のサーバーへのハッキングなどサイバー攻撃の対策をしているというわけである。

そしてフェリカとの最大の違いは、フェリカの決済処理がオフライン処理だったのに対し、ＥＸコインではオンライン処理（リアルタイム処理）であることだ。スマホなどの端末は本人確認のデバイスに過ぎず、残高確認などは出来ても、取引情報を含めすべての記録は取引所や銀行などのサーバーに残されている。

なおＥＸＣプラットフォームは、この認証システムの特許を取得している。

ＧＭＦがＥＸコインを管理する主体であるなら、つまり価値を担保する役割を持つというなら、どのようにしてそれを実現しているのだろうか。その手がかりを、ＥＸコイン上場後の市場価格の変動に探ってみる。

ＧＭＦは上場前に、海外の投資家に向けて発行上限枚数二一〇〇万枚のうち五〇〇〇枚を売りに出している。そしてその売却益の全額を「準備金」として保有していた。そうして臨んだ二〇一八年八月の上場での公開価格は、一万一〇〇〇ドルである。未公開株では上場のさい、事前に入手した投資家が売却益を狙って持ち株を放出するため株価が下がることは珍しくない。

ＥＸコインも上場後に価格は下落し始め、十二月中旬には最安値となる八〇〇〇ドル割れを記録する。しかしその後は、すぐに市場価格は回復し、上昇した。二〇二〇年三月現在、ＥＸコインの市場価格は一万二二六一ドルである。急落する兆候は見当たらない。

ＧＭＦでは、ＥＸコインを発行するにあたって、最高値から半値以下に下がらないという下限価格の担保を保証している。つまり、発行主体がＥＸコインの「価値」を担保すると約束し、その通りになっているのである。

価値を担保するとは、とりも直さず市場に介入することである。中央銀行は自国通貨が不安定（たとえば、急激な円高や円安など）になったとき、市場で自国通貨の売買を通じて為替の安定を図る。要するに、ＧＭＦも同じことをしたのである。

海外の投資家に売却した五〇〇〇枚のＥＸコインがすべて市場で売られたとしたら、一万一〇〇〇ドルの半値である五五〇〇ドルで買い支えるために必要な費用は、二七五〇万ドルである。海外の投資家に六〇〇〇ドル以上で売却された場合、準備金は三〇〇〇ドル以上になるから買い支える金額としては十分である。

さらに最高値を一ドル更新する、例えば一万一〇一ドルでＥＸコインが取り引きされるたびに、ＧＭＦは新しくＥＸコインを一枚発行し、その売却金額の全額を準備金に加える。これによって、最高値を更新しても同時に準備金も増えるため、半値で買い支えるという仕組みは機能する。

こうした一連の取り引き、および買い支えるシステムはＡＩによって運用されている。ＧＭＦ自体がローコストであるゆえんである。

## 世界共通デジタル通貨とデジタル中央銀行

ここまで見てきたら、房とＧＶＥ社の意図は明白である。

それは、日下部進のアイデア――グローバル・バリュー・エキスチェンジ（交換）とグローバル・バリュー・エバリュエーション（評価、算定）という二つの機能を同時に行う仕組み――ＧＶＥの実現である。その実現のために設立したのが、ＧＭＦという組織なのである。ただし房も指摘しているとおり、日下部のアイデアは一国内での仕組みとして想定されており、海外へは従来の送金方法を利用するしかないため、高額な手数料を支払う必要がある。そこで、房のＦＸのノウハウを組み合わせて開発したのが、ＥＸＣプラットフォームであり、ＥＸコインというわけである。

有り体に言うなら、ＧＭＦは「デジタル中央銀行」であり、ＥＸコインは「世界共通デジタル通貨」なのである。現在は、米ドルが基軸通貨として使われているが、各国の中央銀行がＥＸＣプラットフォームを採用すれば、自国でＥＸコインを価値の裏付けにして自国の法定通貨を発行することが出来るため、米ドルに頼らずに済むようになる。

結果、世界共通通貨としてＥＸコインは迅速かつ低コストで送金され、各国で自国の通貨に変換する場合には従来の手数料の数十分の一で済むようになる。またＥＸコインは為替の変動をほとんど受けない安定したデジタル通貨である。もちろん、そのまま自国通貨として利用するなら、手数料も要らない。

しかし房たちは、どうしてそこまでやる必要があるのか。GVE社の事業目的は、法定通貨のデジタル化（CBDC）のプラットフォーム開発とその運用である。CBDCの実行は各国の中央銀行の仕事であり、GVEの二つの機能も中央銀行が果たすべきものである。GVE社のミッションは、各国の中央銀行にEXCプラットフォームの採用を呼びかけることではないか――。

それは確かに正論ではあるが、GVE社を取り囲む環境を考えたとき、正論だけでは打開できない問題があることもまた事実である。

たとえば、設立まもない小さな会社が各国の中央銀行を訪ねては、CBDCプラットフォームとして「EXC」がいかに優れているかをペーパー上で説いたところで「はい、そうですね。分かりました」と採用されるはずもないし、面会できるどころか、むしろ不審者扱いされて門前払いされるのがオチだろう。

各国の中央銀行がEXCプラットフォームに関心を示し、さらに検討の価値があると判断するためには、何よりもまずEXCの存在自体が事前に周知されていなければならない。そして出来れば、GVEに基づくEXCプラットフォームがCBDCに対して、いかに有効であるかを示す実績を少しでも作っておくことである。

最低でもこの二つが実現されていなければ、房たちGVE社は各国の中央銀行を訪ねても、まともに取り合ってもらえないであろう。そう考えると、GMFの設立もEXコインの上場も、非常に理に叶ったものだったと言える。ベストな方法とは言わないまでも、ベターな打開策だったのではないだろうか。

ところで、EXコイン上場に関して私には気になることが、ひとつあった。

それは、なぜ国内ではなく海外の取引所に上場したのか、という点である。GVE社は日本の会社であり、EXCプラットフォームもEXコインも日本で開発されたものだ。なのにどうして、初上場が海外の取引所なのか、私には解せなかった。

私の疑問に対し、房広治の答えは明快であった。

「日本では『仮想通貨』に対する行政側の議論が変化してきており、いまだはっきりしていない面があります。そこに、EXコインを発行したら『仮想通貨』と見なされるというか、誤解される可能性がありました。そのリスクは絶対に避けたいと思いました。そんなとき、デジタル通貨の発行体がきちんとしていることから取り扱いに前向きな海外のFXの取引所が現れましたので、私たちの予想よりも早かったのですが、上場できる時にしておこうという判断で上場したのです。それと、日銀による法定通貨のデジタル化の取り組みが世界と比べて遅れていることも、私たちに日本にこだわる必要性を感じさせませんでした」

房たちGVE社の次の課題は、各国の中央銀行にEXCプラットフォームを採用してもらうことである。しかし房の熱い眼差しは、どちらかといえば、日本や欧米の先進国ではなくアジア・アフリカの貧しい国々に注がれている。

というのも、房にとってミャンマーでの経験――銀行口座すら持てない貧しい人たちを助けたいと活動したことや、六甲学院の先輩・塩村仁の経営思想の影響を受けて「金を使うよりも儲けるほうが好き」な彼が世の中のためになる「金の稼ぎ方」を考えるようになったからである。

ソニーで叶わなかった日下部進の三十年来の「夢」が、いまや房広治の「大志」によって実現されようとしていた。

## 終わりにかえて　新しい旅立ち

二〇一九年十二月末、日下部進は「クアドラック株式会社」の会長を退き、顧問に就任した。ソニー時代の二人の部下と二〇〇九年にクアドラックを立ち上げてから十年後のことである。クアドラックは、自分がしたいことをするためには起業するしかないという日下部の強い決断を体現する、「夢の実現」の場であったはずである。

なのに、顧問として残るとは言え、その「場所」から去るというのはどういうことなのだろうか。創業者が夢半ばにして起業した会社の経営から身を引くことは、どう考えてもただごとではない。

日下部は、私の疑問に対し、こんな言い回しで自分の思いを伝えた。

「私が研究したいテーマは、もともと長期的なものばかりなんです。でもそれだけに専念していたら(利益がなければ会社が回らなくなり)研究自体が続けられなくなります。ですから研究を続けるためにも、研究をサポートするとともにビジネス化しやすい企画を考えて、それをうまく事業化して稼ぐことを考えるわけです。それで稼いだお金を研究費用に回せば、研究が続けられます」

たしかに、日下部の言う通りになれば、他人に頼らなくても必要な資金を調達できるので金策に頭を悩ますこともなくなり、研究は続けられる。そして日下部にとって、そうなるはずであった――。

日下部の話は続く。

「ただその企画がビジネスとしてうまく回りだし、利益を出すようになると（会社としては）もっと稼げという話になるわけです。クアドラックの株主は、私どもの事業計画を評価して投資してくださった方々ばかりです。彼らにすれば、投資した資金を早く回収したい、リターンを取れるときに取りたいと考えるのは当然ですよね。そうなると、クアドラックの経営も、稼げる事業にリソースを多く振り向けることになります。つまり、手段が目的化してしまい、本来の目的と手段が逆転することになるわけです」

ソニーや三菱商事と同じことが、クアドラックでも起きていたというのである。日下部は具体的な事業や名称を避けて、自分の気持ちを伝えようとしたが、私にはだいたいの想像はついた。ビジネスとして回り出した事業とは、超高速サーバー「Q―CORE」事業のことだろう。

本来は人体通信のネットワークを確立するために開発された高速サーバーであるが、IoT時代を迎えた現代にあって、人体通信以外のネットワークからの需要も多く、クアドラックでもコア事業に成長していた。経営者としては本来、Q―CORE事業の成長は喜ぶべきだし、もしQ―COREが将来の稼ぎ頭になるのならリソースを注力するのは当然の経営判断である。そのことは、たぶん日下部自身も十分に理解していたであろう。そのうえでなお、日下部はクアドラックにもはや自分の居場所はないと感じたのだろうか。

## 日下部の次の挑戦

クアドラックを離れてまでしたいことは何かあるのか――と日下部に訊ねたところ、彼は「人体通信（の研究）を極めることです。そのために、もっと本腰を入れて人体通信の研究をしたいと思いました」と答えた。そして問わず語りに、こう言うのだった。

「もともとGVEはソニーでやりたかったんですが、ソニーではできなくて次の三菱商事でやるべきだと思ってきたのですが、それもできなくなった。そうしたら、房がやるというので（GVE社で）始めたんです。私はいま、クアドラックで出来なかったことを外へ出てやろうとしているわけです」

日下部進はソニーを退社したさい、自分の居場所として「KSKBコンサルティング」という会社を設立している。いわば個人会社みたいなものだが、そのKSKBを拠点に人体通信の研究を今後どう進めていくか検討中だという。

取材目的と直接関係はないものの、私には日下部にどうしても教えてもらいたいことがひとつあった。それは、「エンジニア」としての有り様についてである。

私は企業取材を始めてから四十年以上になるが、その間に多くのエンジニアと出会い、そしてインタビューを重ねてきた。その中には、社内外で「天才」との評判をほしいままにした優秀なエンジニアもいた。

多くのエンジニアは定年退職後、あるいは組織を離れたあと、隠居するケースを除いて大きく分けてふたつの生き方を選んでいる。ひとつは、かつての名声をもとに企業相手に技術面でのアドバイザーやコンサルタント業を始めたり、講演および研修などの講師を務めて生活の糧を得ることである。要は、過去の成功体験を飯のタネにすることである。

もうひとつは、在職中に成功した技術開発に満足することなく、退職後も繰り返し改良や新しい技術開発に挑戦し続けるエンジニアである。当然のことながら、前者の数が後者のそれよりも圧倒的に多い。後者はきわめて少数派で、私が出会った数多のエンジニアの中から探しても、その数は片手で余るくらいである。

この、あまりにもアンバランスな割合が、私には気になって仕方がなかったのだ。そのため一度だけ、私は技術コンサルタントをしていた知り合いのエンジニアに「どうして新しい技術開発や製品開発に挑戦しないのですか」と訊ねたことがあった。私としては、彼のエンジニアとしての類い希な才能を惜しんだ故の質問であった。

しかし彼は開口一番「いや、あんなに苦しいことは二度とやりたくないし、もうやれないですよ」と断固とした口調で言い放ったのだった。

私にとって、あまりにも意外な答えだった。

というのも、負けん気が人一倍強く、周囲との軋轢を恐れずやり過ぎではと思うくらい強気一辺倒の彼を知っていたからだ。たとえその気がなかったとしても、彼なら「そのうち状況が整えば、やりますよ」ぐらいのことは言うだろうと勝手に思い込んでしまっていたのだった。

いま思い返すなら、社内で彼が受けてきたプレッシャーは、退職後も彼から余裕を奪うほど耐えがたいものだったのであろう。

私は日下部に私の疑問と知り合いのエンジニアの言葉をそのまま伝え、日下部の考えるところを教えて欲しいと願い出たのだった。

日下部は少し沈思したあと、「二度とやりたくないという気持ちは、よく分かります」と知り合いのエンジニアの思いに理解を示し、こう付け加えた。

「私もフェリカ（開発）の時のような苦しい思いは、二度としたくありません。ただ私の場合、（新しい技術や開発のことなどを）考えてしまうんです。気がついたら、考えていたということかな。なぜ考えるのかと聞かれたら、私も困るのですが。新しい技術のことを考えることが好きというか……。高校、大学からずっと考えてきましたから、これからもそうすると思います」

戸惑いながら説明する日下部を見て、彼にとってエンジニアは職業ではなく、彼の「生き方そのもの」なのだと思った。おそらく世の中を変える、社会の仕組みを変える――それによって住む人たちに暮らしやすさを与えることができるのは、日下部のような生き方ができる一握りの先駆者たちではないだろうか。

日下部進は、二〇二〇年一月一日付けでＧＶＥ社と正式に契約して最高顧問に就任している。「最高顧問」はあまり見かけない肩書きだが、おそらく日下部の組織に縛られず自由な立場からＧＶＥ社に関与していきたいという気持ちを尊重したものだろう。

今後は人体通信の本格的な研究とともに、自由な立場から自ら考え出したＧＶＥ（という仕組み）とデジタル通貨「ＥＸコイン」の行く末を見守っていくことが、エンジニアとしての最後の仕事だと考えているのかも知れない。

## ネパールでの挑戦

他方、房広治とＧＶＥ社も、新しい第一歩を踏み出していた。

ＥＸＣ開発のキッカケとなったミャンマーの案件は、なかなか政情が安定しないこともあって、いつの間にか立ち消えになってしまう。しかしミャンマーと同じような問題を抱える新興国や発展途上国は、決して少なくない。房とＧＶＥ社のもとには、オックスフォード大学のルートを通じて、十カ国近い新興国からアドバイスを求める声が届けられるようになっていた。

その中から房が強い関心を寄せたのは、ネパールである。というのも、ミャンマーと似た状況、環境にあったからだ。

国民一人あたりの国内総生産（ＧＤＰ）はミャンマーが一二四五ドル（二〇一九年）、ネパールが一〇三四ドル（同）と、どちらも「アジアの最貧国」に位置する。そして社会的なインフラ面では、経済の基礎である金融インフラがきわめて脆弱であることも両国に共通する深刻な悩みであった。たとえば、ミャンマーでは銀行口座を持つ国民は一〇パーセント以下で、ネパールでは約四〇パーセントに過ぎなかった。

しかし両国とも、スマホを含む携帯電話の普及率では、ミャンマーが七〇パーセント以上、ネパールはほぼ一〇〇パーセントである。つまりモバイルネットワークの環境は、申し分のないほど充実していたのだ。そのモバイルネットワークの充実が、房に自分たちGVE社の出番だと判断させたのであろう。

ネパールの人口は、約二千九百万人である。国外へ仕事を求めてネパールを離れた出稼ぎ労働者数の累計は、五百万人を超える。そしていまも年間約四十万人のネパール人が国外へ出稼ぎに出ている。出稼ぎがなくならないのは、何よりもネパール国内に十分な職がないからである。

「世界の屋根」と呼ばれるヒマラヤ山脈にあって、エベレストを始め八〇〇〇メートル級の高峰が集中するネパールでは、ヒマラヤ登山（入山料）や麓から山々への眺望観光が一大産業になっている。しかし観光業以外の目立った産業と呼べるのは、農業（米、小麦、トウモロコシなど主要な食用作物）と繊維業（カーペットや衣類、糸など）ぐらいなものである。

そのようなネパールの経済（状態）では、二千九百万人の国民全員を十分に養うことはできるはずもなく、国外に仕事を求める国民が後を絶たなかったゆえんである。だからこそ、多くの国民が生活の糧を国外へ求めなければいけないような異常な状況は、このまま放置されるべき問題ではなかった。それには、観光業以外にも産業の柱となる事業の育成は欠かせない。

とくに輸出産業、外貨を稼ぐことが出来る有力な地場産業の育成は、ネパール政府にとって緊急の課題であった。というのも、ネパールの貿易収支はここ二十年赤字が続き、その差は縮まるどころか拡大する傾向にあるからだ。たとえば、二〇一九年の貿易輸出額は九億七〇〇〇万ドルで、輸入額は一二三億四〇〇〇万ドルだから、一一三億七〇〇〇万ドルの赤字である。輸入が輸出の約十三倍という歪《いびつ》な関係にまでなっている。

いずれにしても経済活動が活性化するためには、たとえば様々な分野での起業が容易になるためには、金融インフラの十分な整備が前提となる。人間の身体に喩えるなら、金融は血流である。身体全体にきちんと血が回る、つまり血流が滞ることなく流れて初めて、人間の身体は正常に動くのと同じである。

ネパール国内の津々浦々にまで、必要な資金が行き渡ることがすべての前提といっても過言ではない。それには既存の金融機関の支店やＡＴＭ（自動預金支払機）などを増やすことよりも、低コストで済むネパールの自国通貨・ルピーのデジタル通貨化（ＣＢＤＣ）によるネパール全体のデジタル化は、ネパール政府にとって急務であった。

二〇一九年九月初旬、房広治はネパールを訪問した。

ネパールでは、房は財務大臣を始め中央銀行であるネパール連邦銀行総裁など政府要人と面談を重ねた。その席上、房はＥＸＣプラットフォームが持つ決済システムの特徴とその優秀さを説明し、ネパール側が希望するデジタル化を進める上でマイナンバー制度を含んだ決済インフラに十分対応できることをアピールしたのだった。

たとえば、ＩＭＦ（国際通貨基金）が求めるＣＢＤＣ決済システムの主要条件は、①決済速度と②

利便性、③オープン性、④安全性、⑤低コストの五つに大別できるが、EXCプラットフォームは前述した通り、そのいずれもクリアーしている。とくに中央銀行が発行するデジタル通貨（CBDC）については、房は安全性が一〇〇パーセント担保されなければならないと考え、房自身が「三ウエイ・データベース方式」呼ぶ高セキュリティによって守られていた。

房広治は面談を通して、ネパール側の好反応に十分な手応えを感じ取った。全員がEXCプラットフォームの導入に賛意を示したからだ。とくに房の心に残ったのは、ネパール連邦銀行総裁の高評価の言葉だった。

「総裁からは、クロスボーダー（国際間取引）決済の手数料の低減という私たちGVE社の提案は素晴らしいというお褒めの言葉をいただきました。さらにそれは、中国からの提案にはなかったと言われました」

加えてネパール連邦銀行総裁は、評価の理由をこう説明したという。

「ネパールなど発展途上国では、国外への出稼ぎ労働者が自国に残した家族や親戚などに仕送りするさい、銀行間の送金手数料が高いのが一番の問題ですと言われました。さらにネパールの場合、新型コロナ感染拡大前の国内での決済コストよりも海外送金のコストのほうが高い状況にあると説明されました」

まさにネパール連邦銀行総裁は、房がアピールしたEXCプラットフォーム独自の優位性の本質を見抜き、それを具体的に指摘し評価している。またそれゆえに、彼の言葉は房の心に強い印象を残したのであろう。

## ＥＸＣプラットフォームとＥＸコイン

ここで改めて、ネパール連邦銀行総裁が評価したＥＸＣプラットフォームの独自性について少し触れておく。

現在、世界各国の政府・中央銀行では、ＣＢＤＣの実施に向けての検討を含むさまざまな取り組みが始まっている。欧州ではＣＢＤＣの標準化・共通化に向けての話し合いがイングランド銀行などで始まっているし、中国のように独自規格の「デジタル人民元」を広東省深圳で発行したように、単独で試行錯誤を始めた国もある。

ＣＢＤＣが緊急の課題になるのは、なによりも現在のビジネスモデルでは銀行が成り立たなくなってきているからに他ならない。ＡＩやロボットなどをオペレーションに導入して合理化したところで、その効果はたかがしれている。銀行経営で高コストのひとつは、支店やＡＴＭなどに現金を移動させるための経費である。たとえば、大手銀行のシンクタンクの試算によれば、我が国ではその経費は八兆円にものぼる。ただし複数の銀行関係者によれば、どう低く見積もっても十兆円はかかっているという指摘もある。

いずれにしろ、ＣＢＤＣの導入で我が国の銀行などの金融機関は年間八兆円の現金移送費などの経費がなくなるわけだから、これ以上のコスト削減があろうはずがない。しかもその八兆円を他の投資等に回せば、銀行経営にとっても大いにプラスになることは素人にも分かる。

この現金移送にまつわる経費は、ネパールを始め海外の銀行でも似たような状況にあるだろう。そしてこれは、ＣＢＤＣ導入に各国政府・中央銀行が前向きな理由のひとつでもある。

ＥＸＣプラットフォームでは、専用アプリをスマホやタブレットなど端末にインストールするだけで銀行口座と同じ機能（デジタル口座）を持つことができる。つまり、人口の六割が銀行口座を持たないネパールでは、一夜にして国民全員が銀行口座もしくはデジタル口座を持つことになる。そしてモバイルネットワークに繋げれば、誰もが「いつでも」「どこでも」「自由に」決済をおこなうことが出来るというわけだ。

しかしそれだけでは、ネパールの経済はよくならない。たしかに、ネパール・ルピーをデジタル通貨化すれば、それまでよりも国内の金の流れはよくなる。零細・中小の企業の資金繰りがよくなれば、新しいビジネスや産業が起きるチャンスも広がる。

だが貿易収支の改善には、輸出産業の発展、つまりここでもお金の流れがスムーズになること、経費が軽減されることは必要不可欠である。たとえば、部品や資材を輸入し代金を支払ったり、製品を輸出しその代金を受け取ったりするさい、いくらＣＢＤＣを行っていても送金に従来の銀行間ルートを利用すれば、高額な為替・送金の手数料の支払いが必要になる。しかも手続きに時間がかかるし、実際に入金されるまでに数日かかることもある。これでは、輸出産業を伸ばすうえで欠かせない、資金のスムーズな移動が担保されない。

それゆえ、ネパール連邦銀行総裁は房たちGVE社の提案「クロスボーダー決済の手数料の低減」を高く評価したのである。そしてそれを可能にしているのは、房たちがEXCプラットフォームとセットで売り込んでいるEXコインである。すでに述べたように、EXコインは、いわば「世界共通デジタル通貨」と呼ぶべきもので、その機能を果たす役割を与えられている。たとえば、国境を越えた取り引き（決済）では、従来の銀行間ルートを使う代わりに、EXコインを介しての決済にすれば、決済は〇・二秒で終わり、同時に送金も完了する。しかも費用は、銀行に払う高額な手数料の数十分の一で済む。自らの送金システムを使用したからである。

また、EXCプラットフォームとEXコインは個人が利用する少額送金にも対応しており、発展途上国で必要な「マイクロペイメント」にも適していると房は強調する。

ネパールでは、国外に出稼ぎに出た労働者から国に残した家族らへの送金は、日本円に換算すると総額で年間に七千億円から一兆円と見られている。しかし送金に従来の銀行など金融機関のルートを利用すると、約二十万円につき五千円程度の手数料が必要になるという。そのため、一円でも多く送金したい彼らは送金手数料の安さに惹かれて、事情がよく分からないまま非合法な「地下銀行」を利用してしまい、トラブルに巻き込まれるケースが後を絶たないという。

国外で働くネパール人の送金総額は国の重要な収入になっており、ネパール政府にとっても送金をめぐるトラブルは決して看過できるものではない。その意味でも、マイクロペイメントまで配慮した房の提案——EXCプラットフォームとEXコインのセットでのCBDC推進——は、現実の需要に沿った的確なものだったといえる。

ただ「デジタルネパール」と呼ばれている房たちGVE社のプロジェクトでは、まだEXコインまで含まれていなかった。日程に上っているのは「即時デジタル決済」で全住民に「デジタル口座」を与え、そして「本人確認」ができるシステムの導入であった。つまり、ネパール政府が進める国全体のデジタル化の第一段階に過ぎなかった。

ネパール中央銀行がEXコインを外貨準備に採用するかどうかは、ネパール全体のデジタル化の進捗具合、つまり今後の課題であった。

さてネパールで房たちGVE社は、EXCプラットフォームに基づく金融インフラの構築をどのように進めようとしているのか——。

まずネパール政府・連邦銀行（中央銀行）、現地大手パートナー、GVE社の三者によるコンソーシアム（共同事業体）を立ち上げ、それぞれの持ち場でロードマップに従って作業を進めることになる。そのさい、ネパール政府はGVE社にひとつ条件を課した。それは、EXCプラットフォームの導入に伴う費用の一部を負担する資金提供者を見つけてくることであった。

ネパールから日本に戻って程なくして、房広治はODA（政府開発援助）の実施機関であるJICA（国際協力機構）を訪ね、ネパールのプロジェクトへの協力を求めた。翌二〇二〇年一月、JICAは房の要請に対して、プロジェクトがODA案件として成立するか判断するため調査することを採決した。それを受けて、ネパール・プロジェクトのコンソーシアム「パブリック・プライベート・パートナーシップ（ＰＰＰ）が設立される。そのＰＰＰをＪＩＣＡが支援する形で、房の要請に応じたのである。

房広治は、ＪＩＣＡが要請に応じた理由をこう説明する。

「設立して二年程度の小さな会社など、本来ならＪＩＣＡがまともに相手などしてくれません。なのに、きちんと（ＧＶＥ社の）話を聞いてくれたのは、なんといっても『日下部進』の名前が技術顧問として載っていたからです。フェリカを開発した日下部さんが顧問でいる企業なら、規模は小さくても将来性があると判断されたのだと思います」

ＥＸＣプラットフォームを開発したのは房広治だが、それは日下部進のアイデアを実現するためのツールに他ならない。会社というひとつ屋根の下で同じ目的を追求するのではなく、日下部と房の二人の関係はバトンを次のランナーに渡すことで進むリレーと似ている。はるか先を進むのはいつも日下部で、それを追うようにしてビジネスにしていくのが房の役割なのかも知れない。

# あとがき

一九八八年に処女作『復讐する神話　松下幸之助の昭和史』（文藝春秋）を上梓して以来、自らに「一年一作」を課してきた。これまで四十作品以上を発表してきたが、どの作品に対しても、その時の持てる力をすべて注ぎ込んで執筆してきたと自負している。そしてどの作品にも、それなりの私の思い入れが等しく込められている。

しかしたまに、筆者の私自身が「生命力が強いなあ」と改めて感心する作品がある。なぜそのような強い生命力を持ち得たのか――その理由は私にもよく分からないが、その数少ない一冊に『フェリカの真実　ソニーが技術開発に成功し、ビジネスで失敗した理由』（草思社）がある。

『フェリカの真実』が刊行されてから十年が経つ。ありていにいえば、事実上の「絶版」である。その『フェリカの真実』が一昨年のある日、オンラインショップ『アマゾン』の書籍部門で中古品に万単位の値段が付けられていたことを知る。古典でも何でもない定価一千円の普通の本に十倍以上の値段を付けるなんて、なんて理不尽なことをするのだ、と私は困惑したものだった。

こんな高額な価格を付けられたら、一般読者が『フェリカの真実』を読みたいと思っても気楽に手に取れないじゃないか。それでなくてもノンフィクション作品の読者は少ないというのに、読者が増えるのを妨害するのか――と思ったのだ。

なんとか対抗措置は取れないものかと思ったが、出版不況の現在、増刷してくださいとは言えなかった。もし増刷して返本で大量の在庫を版元に抱え込ませることにでもなったら、申し訳が立たないと考えたからだ。

そこで草思社の担当編集者の藤田博さんに電話して、私は『フェリカの真実』のアマゾンでの中古品価格の憂うべき状態を伝えたうえで「増刷は無理だと思いますから、電子書籍にしてもらえないでしょうか。このままでは、『フェリカの真実』の読者が逃げてしまいます」と訴えたのだった。

藤田さんも気づかれていたようで、私の申し出に二つ返事で応じていただいた時には、本当に嬉しかった。その後、電子書籍版の『フェリカの真実』が発売されるが、しばらくして藤田さんから『フェリカの真実』の文庫化の話がもたらされる。

私に反対する理由などあろうはずはなく、「是非、お願いします」と即答していた。文庫になれば、それまでの「絶版」状態がなくなるだけでなく、やはり「紙」で読みたいという読者にとっても朗報だと考えたからだ。

ただし初版発売から十年近い年月が経っていたため、その間の「空白」を埋める必要があった。私は、ただちに日下部進氏に連絡して『フェリカの真実』の文庫化が決まったこと、そのための追加取材が必要になった旨を伝えた。日下部氏は私の取材依頼を快諾されるとともに、必要なだけ時間を用意することも約束していただいた。

新型コロナの感染拡大が進むなか、私の追加取材は始まった。その頃はまだ、面談による取材が難しくなるとは思いもしなかった。他方、多くの企業では社内で集団感染が起きることを恐れて、リモート勤務に切り替えていった。それにともない、私の追加取材は日に日に厳しいものになった。コロナ禍の中で取材をどう進めていくべきかと思案していたとき、草思社の藤田さんから『フェリカの真実』を文庫ではなく四六判（単行本）で刊行したいという変更の申し出があった。

藤田さんは、電話口で申し訳なさそうな口調で変更の趣旨をこう説明された。

「このさい、文庫ではなく四六判にして『増補新版』という形で『フェリカ』の決定版を出しませんか。フェリカについては、雑誌や単行本などでいろいろ取り上げられていますから、ここで『決定版』を出すのがいいと思うのです。いかがでしょうか。こちらから文庫化をお願いしておきながら、途中で変更を申し出るのは心苦しいのですが、やはり四六判のほうがいいと思いましたので……」

藤田さんの再度の申し入れは、私にとって望外の喜びであり、『フェリカの真実』が持つ生命力の強さを改めて認識させられることになった。「絶版」から改めて単行本での刊行は、いわば一度死んだ人間が生まれ変わるようなものだからだ。

『フェリカの真実』は、それまでの私の読者以外の人たちにも読んで頂きたいと考えて、ソフトカバーでサイズも新書と四六判の中間の大きさにし、価格も一千円に抑えて購入しやすくした作品である。だから、事実上の絶版になったとき、私はついに寿命が来たのかと思ったものだ。

とはいえ、喜んでばかりはいられなかった。文庫化に関しては「加筆」すればいいと考えていたが、単行本化では「書き下ろし」に近い作業になることを覚悟しなければならなかったからだ。その切り替えをうまく出来るか、一抹の不安を覚えたのである。

そんな私の不安を吹き飛ばしてくれたのは、再読していた『フェリカの真実』だった。熟読すればするほど、執筆当時は見えていなかったものが、頭の中に浮かぶようになったのである。そしてもっと知りたいと、私の好奇心をかき立てたのだった。

やがて私は、「フェリカの決定版」という提案を踏まえつつも、むしろ「日下部進」という稀代の天才エンジニアの評伝としてまとめ上げたいと思うようになった。いわば、技術と開発者による「フェリカ物語」の完成である。

本づくりには、作家を始め編集者や装幀家など多くの人たちが関わっている。彼らとの共同作業によって一冊の本が誕生し、読者の元に届けられる。しかし読者に購入してもらうには、まずは手に取ってもらう必要がある。本の内容を吟味するのは、それからのことである。それゆえ、書店の売り場に並べられたとき、手に取ってみたくなる表紙（装幀）であることが望ましい。

その意味では、著者は自分の作品の装幀に無関心ではいられないはずである。しかし私は関心がなかったわけではなかったが、それまでは編集者（版元）が装幀家を決め、デザインも出来上がったものを見せられるパターンだった。それに対して別に不満はなかったし、疑問を抱くこともなかった。

三十年以上の作家生活で、担当編集者から装幀画や装幀家について意見を求められたことは、数回程度しかなかった。装幀を依頼したい装幀家はいらっしゃいますかと聞かれたこともあるが、それはそれで困惑したものだ。装幀家の知り合いもいないし、その方面のコネもなかったので推薦できる人がいなかったからだ。

しかし今回は、少しだけ我がままを言ってみたくなった。寿命だと思った『フェリカの真実』が見せた生命力の強さに対し、今度は私が応えたいと思ったのだ。その強さに相応しい装幀をプレゼントしたいと考えたのである。とはいえ、私に何か特別な妙案があったわけではなかった。

どうしたものかと思案しているとき、ふと浮かんだのは銀座の小さな画廊「枝香庵」だった。その枝香庵で十年ほど前、知り合いの画家が個展を開いた。私も招待され訪れたところ、オーナーの荒井よし枝さんを紹介された。それが縁で枝香庵で開催される絵画展の知らせをいただくようになり、私も時間を作って出かけるように心がけた。

枝香庵の絵画展で私が欠かさず訪れたのは、新人画家の作品を中心に展示した「サマー・フェスタ」と「ウィンター・フェスタ」の二つである。この二つの絵画展は、オーナーの荒井さんが意欲的な新人画家に発表の場を与えるため毎年開催しているものだ。もちろん、画家の収入だけでは暮らせる段階にはないので、アルバイトやパートなどを掛け持ちしながら絵を描き続けている人が大半である。それゆえ、展示される絵のレベルも玉石混淆で、中には「?」を付けたくなる絵もあった。

しかしオーナーの荒井さんは、若い画家には既成概念に囚われることなく伸び伸びと絵を描いて欲しいという考えで、余程のことがない限り、キャリアが十分でない若い画家に対しても等しくチャンスを与えられていた。

二つの絵画展で私がいつも感じるのは、会場全体を包み込む優しさや温かさである。そのような雰囲気は、オーナーの荒井さんの配慮のもと、新人画家たちが本当に自由に自分の思い通りの絵が描けているからであり、その姿を荒井さんが見守っていることから生まれるものなのであろう。

だから、なのだろうか。

たとえ未熟な絵であっても、観ている画面からは「私の絵を見てください、私の描きたい絵はこれです。どうですか」と訴えかける情熱があふれだし、その勢いに私は時には圧倒されるほどであった。

そこには、ただただ自分の描きたい絵を描き続けたいという思いだけがあった。

そしていつしか、彼らの熱い思いにかつての自分の姿を重ねて見るようになっていた。週刊誌記者からノンフィクション作家として独立したころ、彼らと似たような環境にあった。駆け出しの作家に原稿依頼が絶えず来るわけがなく、自分が気に入ったテーマを掲載の予定のないまま取材し、原稿を書いていた。たとえ一行でもいいから毎日毎日書き続けることで、自分の不安——作家として独り立ちできるかという恐怖に負けない精神力を付けたいと考えたのである。

誰しも自分の才能に疑問を抱き、そして将来に不安を感じる時が来るものだ。それが若い時に訪れた場合、その重圧はいっそう重くのしかかる。もがき苦しみながらも、それでも諦めず前へ進むことが出来るだろうか——そのように悩んだ時のことを、新人画家たちの絵から思い出したのである。

独立してから三十年以上が過ぎたが、ひとつの仕事が長くなると馴れ合いや安易な妥協をしがちになる。そうなれば緊張感は失われ、いい仕事をすることができなくなる。改めて「初心忘るべからず」の言葉を、彼らの作品（絵）が思い出させてくれたのである。

そうした経緯もあって、私はライフワークに取り組む年齢に近づくにつれ、彼らと一緒に仕事をしたいと思うようになっていた。当時は、その仕事の内容は、まだ漠然としたものであった。

そのことを思い出し、私は枝香庵のオーナーの荒井さんに『フェリカの真実』の装幀画を任せられる新人画家の紹介をお願いしたのである。それに対し、荒井さんは私の不躾なお願いを嫌な顔をひとつせず受け止めてくださり、候補者を何名か紹介していただけることになった。

二〇二〇年の七月末、私は銀座の枝香庵を訪ねた。荒井さんは数名の若手画家を紹介するとともに、参考にと写真に撮った彼らの代表的な作品を見せてくれた。荒井さんの眼鏡に適っただけあって、どの作品も個性的で魅力にあふれ素晴らしかった。ただ『フェリカの真実』の装幀画には適していないように思った。率直にいえば、ピンと来なかったのである。

最後に紹介されたのは、濱谷陽祐さんの作品だった。

濱谷さんの作品は、メルヘンチックなところがいいと思った。何よりも観ている人の心を和ませ、ほっとさせる楽しい絵だった。私の好きなタッチである点も、強い印象を残した。ただ彼の作品もひとつの作品としては申し分ないが、残念ながら装幀画には適さないと思った。どうしたものかと今後のことを案じながら、荒井さんから次々に渡される濱谷さんの作品を観ていた。

だが後半に入ると、私は「人間の土地」というタイトルの付いた一枚の作品に目が釘付けになる。そして「これだ」と、小さく声を挙げていた。

「人間の土地」には、開いたパラシュートを背負った若者が大地に腰を下ろし、広がる空を見上げる姿が描かれていた。私には、身体に繋がったパラシュートの紐が人間に纏わり付く「しがらみ」を比喩しているように思えた。大地にパラシュートで降り立てば、すぐにパラシュートを折り畳むなどして動きやすくする必要がある。

しかし絵の中の若者はパラシュートを付けたままである。その姿は会社や地域社会、人間関係などの「しがらみ」に苦しむ現代人の姿そのものである。『フェリカの真実』では主人公の日下部進氏がソニーという会社（組織）や理不尽な上司との人間関係などの「しがらみ」に悩まされ、苦しめられている。

しかし多くの現代人との違いは、絵の中の若者が広がる大空に目を見据え胸を張って前を向いていることである。もし大空が「夢」や「理想」を指すとするなら、若者は「しがらみ」に負けることなく夢を追い求めている姿を見せつけていることになる。まさに、その若者の姿勢ないし姿は、生涯一エンジニアとして生きる日下部進氏そのものである。

私の持論は「人間は前へ前へと進む生き物」である。それに従えば、「人間の土地」は日下部進氏の評伝としての一面を持つ増補新版にもっとも相応しい装幀画であり、他は考えられなかった。そのことを確信した私は、脱稿の目処がついたところで草思社の藤田さんに連絡し、増補新版の装幀画に濱谷さんの作品を使って欲しいと申し出たのだった。ただしそのとき、私は「人間の土地」以外の濱谷さんの作品を数点、候補として送っている。複数の候補作品の中から「人間の土地」を選んで欲しいと考えたからである。

しかし藤田さんとの話し合いは、難航した。というのも、濱谷さんの作品の素晴らしさは認めるものの、増補新版を「ビジネス書」と考えられていたため、装幀画としては相応しくないという判断だったからである。そこで私は、増補新版では日下部進氏の評伝の側面を強めており、私自身「ビジネス書」という限定した捉え方をしていないと説明した。

性急に結論を出す必要もなかったので、とにかく私が脱稿し、完成原稿を藤田さんが読了してから再度話し合うことになった。結論から先に書くと、藤田さんは増補新版の原稿を読んで、私が装幀画に「人間の土地」を使いたい理由が分かったと言って、装幀画に「人間の土地」を使うことに同意されたのである。

かくして、『フェリカの真実』は私にとって、決して忘れることの出来ない一冊になったのだった。
最後に、私が遅筆のうえ新型コロナの感染拡大などもあって、当初の締め切りに原稿が仕上がらず、以後「オオカミ少年」のように締め切り日を延ばし続けた結果、刊行日が遅くとも年内から早くても春先に変わる失態を起こすことになっても、辛抱強く待ち続けていただいた担当編集者の藤田博さんに深く感謝したい。

二〇二一年一月

立石泰則

**＊参考資料**


岩元直久「Ｓｕｉｃａは JR東日本の第3柱、鉄道と並ぶ輸出も視野に JR東日本」(『日経クロステック』、二〇一四年七月二十五日号)

大堀達也「中央銀行　デジタル通貨」(『週刊エコノミスト』、二〇二〇年三月十日号)

著者略歴――――
立石泰則（たていし・やすのり）
ノンフィクション作家・ジャーナリスト。1950年福岡県北九州市生まれ。中央大学大学院法学研究科修士課程修了。「週刊文春」記者等を経て、1988年に独立。92年に『覇者の誤算――日米コンピュータ戦争の40年』（日本経済新聞社）で第15回講談社ノンフィクション賞を受賞。2000年に『魔術師――三原脩と西鉄ライオンズ』（文藝春秋）で99年度ミズノスポーツライター賞最優秀賞を受賞。そのほかの著書に『マーケティングのSONY――市場を創り出すDNA』（岩波書店）『戦争体験と経営者』（岩波新書）、『さよなら！　僕らのソニー』『松下幸之助の憂鬱』（いずれも文春新書）、『「がんばらない」経営――不況下でも増収増益を続けるケーズデンキの秘密』『働くこと、生きること』（草思社）など多数。

増補新版
フェリカの真実
電子マネーからデジタル通貨へ


2021年3月12日　第1刷発行

著　者　立石泰則
装幀者　Malpu Design（清水良洋）
装　画　濱谷陽祐
発行者　藤田　博
発行所　株式会社 草思社
〒160-0022　東京都新宿区新宿1-10-1
電話　営業 03(4580)7676　編集 03(4580)7680

本文組版　株式会社 キャップス
印刷所　中央精版印刷 株式会社
製本所　加藤製本 株式会社

ISBN978-4-7942-2507-8　Printed in Japan　検印省略